宇宙行星大揭秘

GUÍA DEFINITIVA DEL

UNIVERSO

Y LOS PLANETAS

[西] 巴勃罗·马丁·阿维拉（Pablo Martín Ávila）著
贾黎黎 译

机械工业出版社
CHINA MACHINE PRESS

本书结合详尽的宇宙最新数据，通过易于理解的生动语言、令人震撼的精美图片和轻松愉快的写作风格，向大众读者科普了宇宙如何从大爆炸演化到现在，详细介绍了太阳系中的各大行星、卫星，还介绍了银河系的奥秘及科学知识。打开本书，跟我们一起开启行星之旅吧！

图书在版编目（CIP）数据

宇宙行星大揭秘 /（西）巴勃罗·马丁·阿维拉著；贾黎黎译. — 北京：机械工业出版社，2019.12

ISBN 978-7-111-64588-7

Ⅰ. ①宇… Ⅱ. ①巴… ②贾… Ⅲ. ①宇宙－普及读物 Ⅳ. ①P159-49

中国版本图书馆CIP数据核字（2020）第016160号

机械工业出版社（北京市百万庄大街22号 邮政编码100037）

策划编辑：黄丽梅 责任编辑：黄丽梅 蔡 浩 韩沫言

责任校对：梁 倩 责任印制：孙 炜

北京华联印刷有限公司印刷

2020年3月第1版第1次印刷

195mm × 265mm · 8印张 · 2插页 · 197千字

标准书号：ISBN 978-7-111-64588-7

定价：89.00元

电话服务
客服电话：010－88361066
010－88379833
010－68326294

网络服务
机 工 官 网：www.cmpbook.com
机 工 官 博：weibo.com/cmp1952
金 书 网：www.golden-book.com
机工教育服务网：www.cmpedu.com

封底无防伪标均为盗版

目　录

天文学概况

从古至今，人类从未停止过寻找生命答案的脚步。为此，人们曾无数次带着问题仰望天空、星辰和太阳。这些问题各式各样：什么时候适合播种？下次涨潮是什么时候？如何确定一日的时长？为什么会有季节的存在？……所有的问题都指向一个共同的愿望，那就是预见未来之事，进而改善人类的生存境遇。

古代人用神话来解释天地万物的形成，如犹太教和基督教的创世纪神话，希腊神话中的盖亚和乌拉诺斯，为阿兹特克人劈开天地的克察尔科亚特尔和特斯卡特利波卡，或是在非洲芳人的传统文化中创造宇宙、土地和生命的纳赞姆。这些都证明了人类想要理解周围环境的迫切愿望。

在漫长的历史中，医学、数学以及农业等领域在世界的各个地区发展得并不是很均衡。然而少数的几样学科却得到了所有伟大文明的贡献，天文学就属其中之一。从古巴比伦到前哥伦布时期，从中国到古希腊，人类文明一直都在为拓宽天文学知识而做努力。有的文明甚至在互相没有接触和了解的情况下，就取得了相似的成就，如日历和月历的发明与制订。到 20 世纪初的时候，科学的全球化使得世界各地的学者、科学家一起工作，分享成果。从 14 世纪末到今天，天文学经历了一场场实实在在的革命。在这些革命中，天文学连同物理学、化学一起，打破了几千年来将人类隔绝在苍穹之内的“壳”，协助我们冲出地球，研究各大行星，并对宇宙起源做出了解释。

本书用简洁、易懂的语言，通过真实图片，为读者提供关于宇宙的知识大全。在接下来的几页，我们将对天文学历史和这个领域最杰出的人物进行概览，然后从太阳开始，逐渐深入到行星、卫星、小行星以及太空区域，聚焦它们从形成到死亡的过程中最重要的细节。通过这样的方式，让你能够更深刻地理解宇宙每个元素之间的紧密联系。

天文学的历史

天文从来都不是只具有观赏性的、脱离日常生活的学科，它一直都有着切实、具体、特定的应用特性。一开始，它用于制订日历、衡量时间等。最早的几个古老文明认为地球是一个拱形苍穹笼罩下的圆盘。早在公元前 3000 年，古巴比伦人就组建了一支固定学者团队专门观察星象，他们发现并命名了最主要的几个星座。公元前 600 年左右，古巴比伦人异常准确地得出了月亮和部分行星的运行周期，其数据与现在的测量结果的差异只有不到 1%。埃及人则选择使用历法，而在当时这个历法就已经是一年有 12 个月、每月有 30 天加上额外的 5 天补足一年。他们还发现了其历法逐年产生的时间差，并为矫正这个现象，每 4 年另加一天来作调整。

西汉学者刘歆整理的《三统历》是中国天文学历史上最有名

的历法典籍之一。这部典籍收编了作者所在朝代及之前的天文学发现。中国古人对记载数据和注解的细致程度近乎执着，这也使他们在数千年内不断发现新的天体。他们得到的数据非常可靠，有些甚至沿用至今。中美洲和秘鲁的前哥伦布时期文明也对天体的研究付出了许多努力。他们在天文学方面的多元发展使得他们不仅能够预测日食和月食的发生，还建立了一套完整的历法。另外，他们还观测到了那些划过苍穹的星星，也就是彗星。

古希腊人不仅善于航海，在天文学研究上也下了很大的功夫。出生于米利都的泰勒斯正确地解释了日食的原因。亚里士多德根据他对星体相对位置的数学计算和它们在月食时在地球上投下的影子推断出我们的地球应该是一个球体。喜帕恰斯的三角学和埃拉托斯特尼的研究成就了人类对地球周长的探索。德谟克利特用原子论解释了宇宙万物的运行。托勒密则将古希腊文明所有的天文学知识汇编成册，并精心描绘了一个以地球为中心、太阳和其他行星环绕在它周围的宇宙。

拥有深厚的数学和物理知识储备的古希腊人和古罗马人对天文学各方面做出了决定性的推动作用，其成就一直被推崇到文艺复兴时期。在充斥着新思想的16世纪，被描述为“天文学发展史四大重要革命”的事件拉开帷幕。哥白尼因提出“日心说”成为了改革第一人，也因此，托勒密的天文体系开始被质疑，而一个新的时代被开启。科学家用地球的自转公转运动解释了许多其他天文学现象。

尽管伽利略发明的望远镜大大提高了天文观测质量，但最终让天文学知识普及的是摄影技术的到来，这便是天文学的又一次革命。大批的科学家因此能够通过图像来向世界证实自己的发现，并同时投身于某一个特定天文现象的研究。也因此，各种思想和理论的碰撞将天文发现成倍增加。随后，在20世纪初，勒梅特和哈勃两位科学家的研究带来的则是第三次革命：宇宙加速膨胀理论可以解释从人类天文观星以来很多悬而未决的问题。除此之外，他们还找到了解释宇宙起源的一个答案：大爆炸。而最近的一次天文学革命则发生在20世纪末，那就是我们暂时还看不见的暗物质和暗能量的探测。它们重新界定了天文学的边界，为人类对宇宙的探索打开了新的窗口。

最新成果

很多年前，科技的发展让人们对 21 世纪会发生的事充满幻想：载人飞船在星系间穿梭，人类在其他星球上定居。虽然挑战者号、哥伦比亚号航天飞机的失事给航天事业带来了一定程度上的挫折，但因此反而吸引了更多的人力和物力投入在相关研究上。从这个意义上说，近十几年来的成果是非常惊人的。

哈勃、斯皮策等被投放在地球轨道的高科技空间望远镜揭示的是人类在梦中都未曾一见的宇宙景象。而对各遥远星系的观测在短时间内迅速改变了人们惯有的宇宙观。观测数据证明宇宙膨胀的速度非但没有减慢，反而在加快，这一事实帮助科学家们完成了近年来最卓越的天文学发现之一——暗能量。

每过一小段时间也会有像希格斯玻色子这样的新粒子加入天体物理学的“大家庭”中。这些粒子，连同暗物质以及对宇宙微波背景辐射（自宇宙大爆炸开始就充满宇宙的一种化石般古老的辐射）的研究一起，在人类对于宇宙起源认识极少的空白页上飞速地写上了浓墨重彩的一笔。

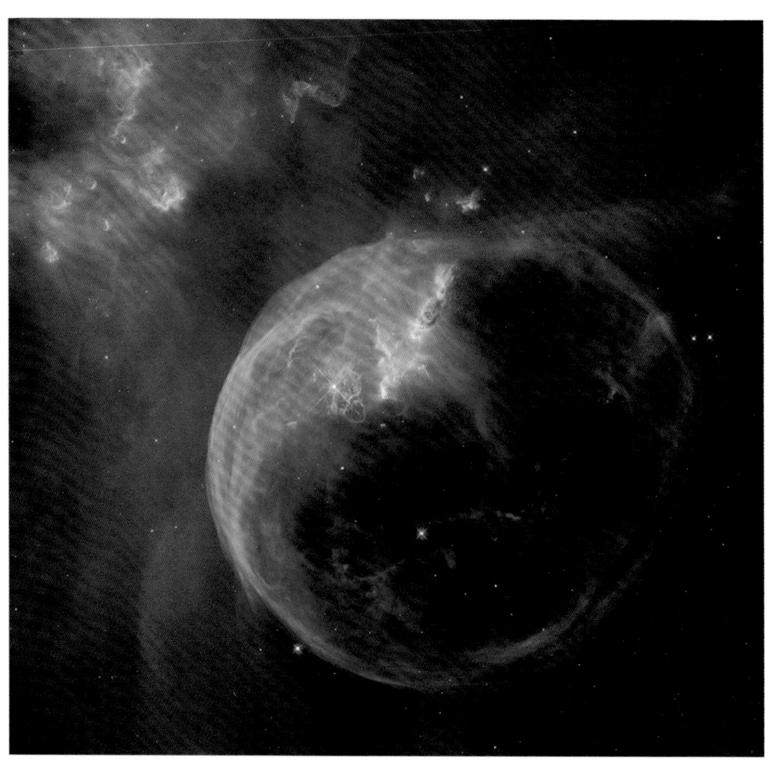
哈勃望远镜拍摄的气泡星云（NGC 7653）的照片，该星云距离地球 8000 光年。

2016 年在天文发现方面是硕果累累的一年，激光干涉引力波天文台（LIGO）宣告探测到了爱因斯坦在一个世纪前就预言了其存在性的引力波，由此为时间起源的研究开辟了一条新的路径。同样在 2016 年，在光谱仪的帮助下，我们能看到遥远星球的光，得以制成了包括 120 万个星系的宇宙最全地图。看得越远越能让人了解更久远的过往，我们在天空中看到的某点星光可能是此刻已经不复存在的天体发出的。2016 年，人类还发现了可能是离我们最远的被命名为 MACS0647-JD 的星系，它与地球的距离是 133 亿光年，这意味着它几乎和宇宙一样古老——仅仅于大爆炸 4.2 亿年之后形成。

明确宇宙的维度后我们还搞清了一件事，那就是拥有 4000 亿颗恒星的银河系只是一个极其微小的星系，它和其他数十万个星系共同组成了拉尼亚凯亚超星系团，总共容纳了十亿亿颗恒星。而拉尼亚凯亚（夏威夷语“无尽的天空”之意）超星系团只是栖息在全宇宙的众多超星系团之一。

最新一代的望远镜还使追

踪太阳系外行星的工作向前迈进了一大步。自20世纪90年代中期首次被发现以来，被登记入册的系外行星逐年增加，如今已达4000多个。

此类工作主要集中在寻找宜居类地行星上，也就是除了地球以外其他可以孕育生命的星球。2017年的一则新闻轰动了世界：比利时列日大学天体物理与地球物理研究所观测到了TRAPPIST-1——一颗拥有7个“地球”的恒星。这7颗与地球大小相近的行星中至少有3颗处于温暖的宜居带内并存在液态水。

目前仍在探索的问题是，星系内的恒星放射出的紫外线、电磁波和X射线等辐射是否会阻碍生命以我们所认知的形态形成。预计于2021年发射的詹姆斯·韦伯空间望远镜（JWST）可能可以通过分析系外行星的大气层帮我们解决这些问题。

与此同时，我们对太阳系内生命迹象的搜寻一直在继续，各个探测器也不断向我们展示我们最亲密的近邻的面貌。木卫二——木星的79颗卫星中的一颗，被认为是目前最有可能孕育生命的候选星球之一。

另一方面，自2006年冥王星被降级成为矮行星之后，加州理工大学于2016年宣布，根据数学模型和电脑模拟可以判定太阳系应该还有一颗新的行星存在。它被命名为第九行星，有可能处在极远的轨道（比海王星远200倍），绕太阳一周大约需要20000年，体积可能是地球的10倍大。然而目前为止科学家还没有一个切实的方法寻到它的真身，我们的太阳系到底会不会有九大行星这个问题也只能交给时间了。

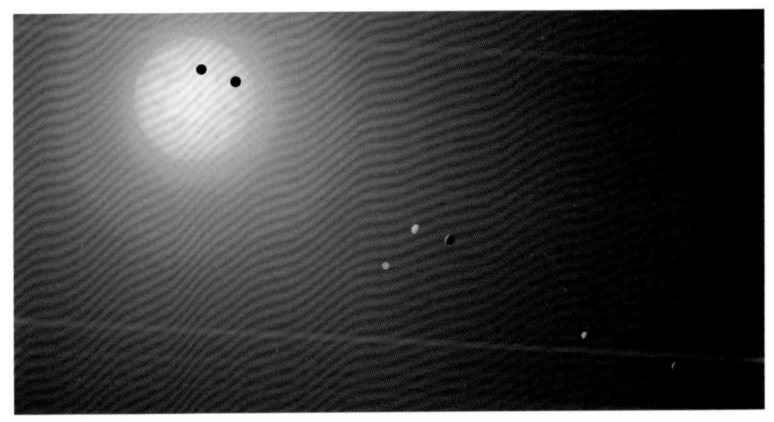

TRAPPIST-1恒星和它的7颗行星，图为模拟从地球透过望远镜可以观看到的景象，大小和相对位置按比例还原。

天文学重要人物

知识就像是一座房子，需要用一砖一瓦慢慢建造。当今的科学大厦高耸入云必须得感谢几千年来无数学者的辛苦奠基。**埃拉托斯特尼**（公元前276—公元前194）作为环形球仪的发明者以及第一个算出地球周长的人，为天文学做出了巨大贡献；**喜帕恰斯**（公元前190—公元前125）不仅创立了三角学，还整理并记载了1000多颗恒星；**刘歆**（公元前50—公元23）将中国天文学的所有智慧汇编入册；**克罗狄斯·托密勒**（85—165）提出了地心说的概念；**尼古拉·哥白尼**（1473—1543）因为宣告地球绕着太阳转的理论被逐出教会；**约翰尼斯·开普勒**（1571—1630）证实并改进了关于天体都以椭圆的轨道运行的理论；几乎同一时间，**伽利略·伽利雷**（1564—1642）发明了望远镜；**艾萨克·牛顿**（1643—1727）用万有引力学说奠定了天体物理学的基础；而**阿尔伯特·爱因斯坦**（1879—1955）用自己的相对论对万有引力学说进行了重新整合；在现代，**斯蒂芬·霍金**（1942—2018）可以说是最杰出的科学家之一了。但是除了他们，为了洞察天文学的奥秘，还有大批不为人知的学者夜以继日地工作着。

太空任务

于 20 世纪发生的第三次科技革命帮助人类实现了一个永恒的追求：离开我们的地球，亲身接触其他天体。现在，空间技术被应用在科学、军事、经济和商业等各个方面，这已经成了人类为了进一步认识宇宙以及提高生活质量的一次共同赌注。1957 年，苏联斯普特尼克 1 号卫星的发射标志着空间技术的起点。同年，名为“莱卡”的小狗乘着斯普特尼克 2 号，成了第一个前往太空的地球生物。

从那一刻起，美国和苏联两个世界超级大国为争夺航天最高地位展开了一场“太空竞赛”。1961 年，苏联宇航员尤里 · 加加林成为第一个进入太空的人类。他乘坐东方 1 号宇宙飞船绕地球一圈，历时 108 分钟。而苏联宇航员瓦莲京娜 · 捷列什科娃则于 1963 年驾驶东方 6 号宇宙飞船进入太空，成为第一个进入太空的女性。

为了获取更多的数据用于科研、气象以及军事活动，这场“太空竞赛”在最初几年间共有十多颗人造卫星被送往太空。据计算，到 1965 年已经有近百颗人造卫星常驻太空了。1969 年，阿波罗 11 号载人任务成功使人类登上月球，登月第一人尼尔 · 阿姆斯特朗脚踩月球表面说出了“这是一个人的一小步，却是人类的一大步”的名言。此话确实不假，因为在距离古巴比伦人最初的天文探索将近 5000 年之后，人类终于实现了踏上月球——这颗从地球形成以来就陪伴左右的卫星的热切梦想。虽然宇航员们只在月球表面度过了短暂的 21 小时 36 分钟，其中他们漫步月球的时间更只有两个半小时，但此举却是天文学历史上一个辉煌的里程碑。

历史上首次由美国国家航空航天局（NASA，后文简称美国航天局）和苏联航天局联合的太空任务在 1975 年启动。然而，随着苏联解体，“太空竞赛”也随之结束。继而启动的是一个国际间相互合作的阶段，参与其中的有欧洲航天局和日本、中国、巴西等国家的航天局。在这个阶段的合作中，最大的成果就是 1998 年开始建造的国际空间站。它相当于两个足球场大小，能同时容纳 6 个宇航员起居，是运行于近地轨道上的长期科研设施。在那里，科学家们成功进行了数百个科学实验项目。到目前为止，总共有超过 205 人次造访国际空间站。此外，国际空间站还是一个获取太空信息的常驻基地。

另一方面，非载人空间探测器是收集科研数据的最主要来源。最早的空间探测器由苏联于 1959 年向金星和火星发射，而 1972 年发射的先驱者 10 号则是第一个离开八大行星范围的人工装置。著名的旅行者 1 号和旅行者 2 号在 20 世纪 70 年代向着无边的宇宙开始了它们一去不返的旅程。从那时开始，土星的卡西尼 - 惠更斯号、谷神星的黎明号、67P/ 楚留莫夫 - 格拉希门克彗星的罗塞塔号、冥王星的新视野号以及木星的朱诺号等几十个被投向各个卫星、行星和宇宙空间的探测器不光增加了我们对宇宙的了解，更捕获到大量惊人的图像让我们大开眼界。

另外人类对火星的探索也已经取得了不少成果，如 2001 火星奥德赛号的地图绘制任务，机遇号、勇气号和好奇号火星漫游车都为火星载人计划的可行性提供了极其珍贵的数据。而这个计划若能成真，将会是人类空间技术迈出的又一大步。

美国航天局的 2001 火星奥德赛号探测到了火星表面丰富的冰层。测量结果表明，火星南北极区域冰层覆盖率达 20%~50%（延伸到南北纬 60°）。图为艺术想象图。

宇宙起源

在相当长的一段时间里，科学家们都相信宇宙是一个有限的、稳定的存在。直到20世纪初才在宇宙学范畴内兴起了一些关于宇宙起源的理论研究。这些研究成为可能，要感谢20世纪在科学方面的进展为其创造的条件，如新型望远镜、无线电波以及X射线等。

提出宇宙大爆炸理论的是比利时天文学家乔治·勒梅特，和他同时期的很多科学家也开始从理论上阐释我们的宇宙是如何诞生的。埃德温·哈勃就做了一个简单合理的假设：如果宇宙在继续不停地膨胀，那就代表如果我们有一天能让时间和空间倒流，宇宙最初只是集中在一个点那么大的地方；然后肯定是发生了某种状况，宇宙才开始膨胀的。而那个时刻就是我们如今称之为“大爆炸”的瞬间。

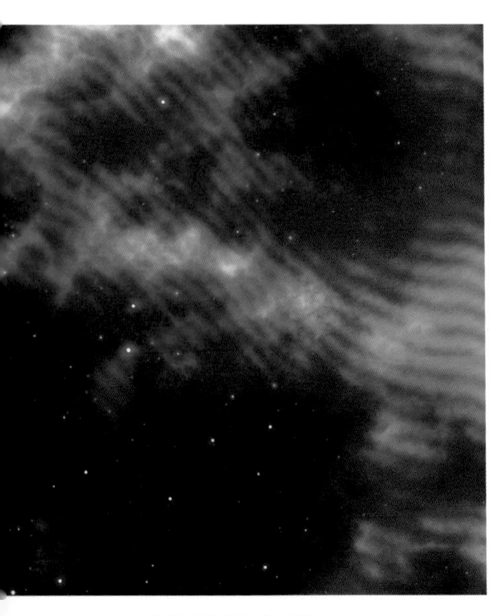

一片壮观的星云全景图。

大爆炸

既然科学家们已经测算出了宇宙膨胀的速度，那么利用已知物理规则可以计算出宇宙诞生于138亿年前。大爆炸之前，时间和空间都是不存在的。当时的宇宙处在一种充满高密度能量的单纯状态。它内部原本互相协调的压力和温度在某个物态中的变化，导致宇宙在极短时间以难以想象的极端速度膨胀，这个时间短到10^{-36}秒，这就是宇宙暴胀。随着体积越来越大，宇宙逐渐冷却，出现新的作用力打破了原有的物质平衡，新的基本粒子就是我们今天熟知的那些。宇宙继续冷却，引力开始产生作用。粒子的相互结合还在大爆炸约38万年后催生了最早的原子。同时，辐射被从原子中释放出来，在空间中自由存在。最后，物质密度最高的区域由于引力作用吸引别的区域，进而形成了恒星、星系以及其他我们还没能观测到的宇宙物质。

一个未知世界

宇宙学向我们表明了在宇宙中有非常多的东西我们还无法了解。所有我们已知的星系、天体、气体和元素仅占全宇宙的约5%。据估计，宇宙的27%是暗物质。虽然因为其不会发出电磁波，我们无法进行直接观测，但由于引力作用，暗物质会吸引别的天体，因此我们得以观测它们。最后剩下的68%，科学家将之命名为暗能量，其构成尚未有确切的定论。而在20世纪末暗能量被发现之前，科学家首先探测到了宇宙不仅在膨胀，而且是在加速膨胀的事实，并因此考虑到肯定有一种人类未知的能量在促成这种加速。这种能量就是我们前面所说的暗能量。

年复一年，大爆炸理论目前被认为是能够解释宇宙起源的最为现实的理论。然而同时存在的宇宙终极命运假说并没有获得同样的认可，如“大冻结”假说认为当恒星逐渐熄灭的时候宇宙会迎来一场大冻结。还有一些天文学家根据宇宙膨胀和挤压周期性的特点而更倾向于“大挤压”假说。总之，到今天为止，还没有哪个宇宙终极命运的假说能以决定性数据打败其他理论而胜出。

大爆炸

想要还原宇宙形成过程中最惊天动地的那些具体时刻并非易事，但让我们在这里做一次尝试吧。

1. 起初

在大爆炸之前，一切都是归零状态。时间、空间、质量、能量都源于一个密度极大，温度极高的小点。

2. 普朗克时期

普朗克时期因量子力学创始人、诺贝尔奖获得者——德国物理学家马克斯·普朗克得名。这一时期发生了什么事情，我们至今还是不得而知。科学家普遍认为这一阶段的持续时间不过是宇宙诞生第一秒中的 10^{-43} 秒。

3. 暴胀时期

大爆炸之后 10^{-36} 秒的时候，宇宙已经从小于一个质子的初始体积膨胀到一个停车场那么大了。

4. 电弱时期

当大爆炸只发生了 10^{-32} 秒的时候，宇宙经历了能量、粒子、反粒子之间一瞬间的平衡。弱力和电磁力还持续统一。

5. 物质多于反物质阶段

大爆炸之后 10^{-18} 秒，反中微子和 W 玻色子开始出现。它们的衰变有助于宇宙物质的形成。这时宇宙的直径已经达到了 100000 千米。

物质和反物质粒子

+ 质子
o 中子
− 电子

6. 质子和中子的诞生

大爆炸之后 10^{-6} 秒，夸克和反夸克开始组合并形成质子和中子。这时宇宙的直径已延伸到 1000 亿千米的范围了。

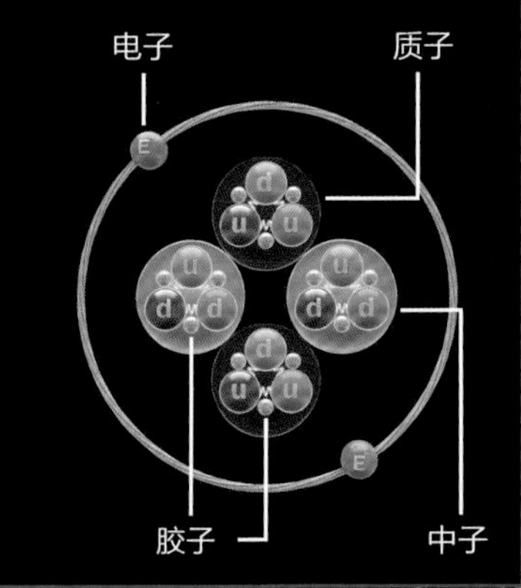

7. 宇宙第一秒

宇宙拥有第一秒的生命时，刚刚由夸克形成的大部分质子和中子立即被它们的反粒子毁灭，最后仅仅剩下一小部分。这时宇宙的直径达到了 10 光年㊀。

8. 原初核合成

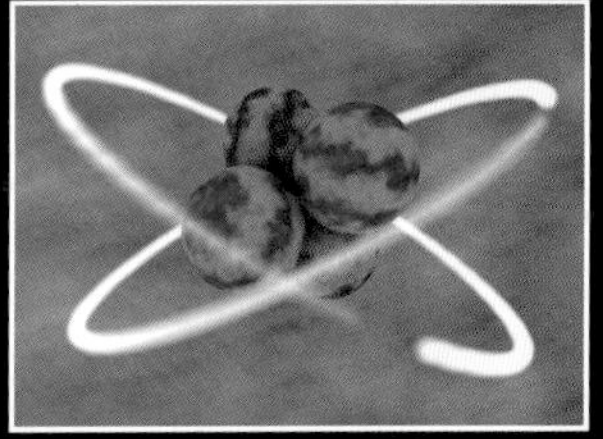

大爆炸之后 3 分钟，质子和中子之间的撞击产生了第一个氦 -4 原子核。宇宙继续膨胀，直径达到 3000 光年。

9. 宇宙星云

从大爆炸后的 20 分钟到 35 万年之间，宇宙从未停止长大，粒子之间也不停撞击。聚集的能量如此之大，以至于从外看，宇宙仿佛笼罩在一团浓雾中。

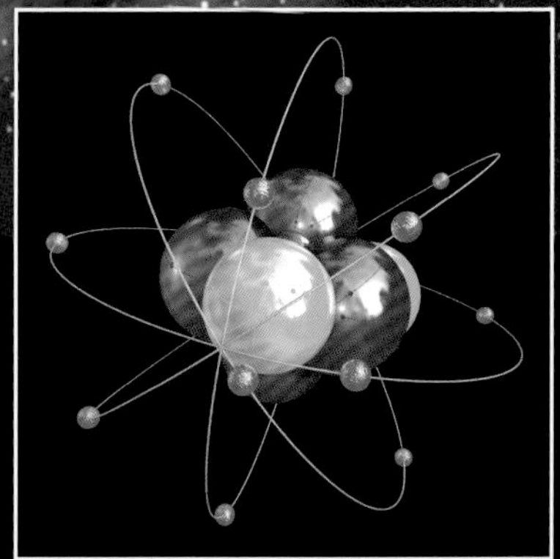

10. 宇宙第一个原子

第一个原子出现在宇宙诞生的 37.7 万年后。质子们开始捕捉电子并形成氢原子和氦原子。光子则被解放，开始漫游宇宙并形成辐射。

㊀ 天体距离的一种单位。1 光年等于光在真空中一年内行经的距离，约为 9.46 万亿千米。

宇宙微波背景辐射

于 1964 年被发现，是一种被当作大爆炸回声的电磁波。对它的研究帮助我们拓宽了对宇宙诞生和物质形成的了解。

哈勃空间望远镜

哈勃空间望远镜捕捉的高分辨率光学图像对探究宇宙起源来说是必不可少的。它位于地球上方 600 千米处的轨道上，那里可以避免大气散射的影响从而得到高质量图像。

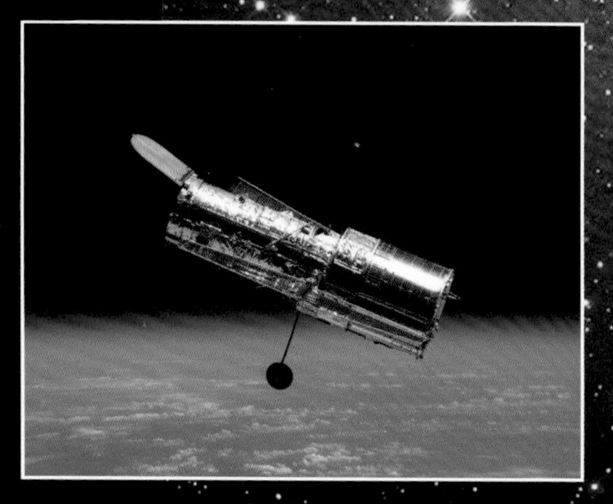

我们如何研究大爆炸?

作为欧洲最大的相关研究设备，大型强子对撞机（LHC）的原理是将粒子加速到光速的 99.99% 进行撞击，然后对由此产生的结果进行研究，并同时对粒子物理学的理论框架进行论证。在这个位于法国和瑞士之间长达 27 千米的环形通道中，科学家在 2010 年通过粒子对撞，成功制造出了一场“迷你宇宙大爆炸”。

暗物质

对一些星系的研究表明，暗物质发出的微弱电磁波与它超强的引力之间并无逻辑关系。科学家们普遍认为它是由一种未知的物质组成的，但由于它不与电磁波产生作用而无法被探测到。我们目前除了知道它的存在以外，并没有进一步的了解。

普朗克卫星

于 2009 年发射的一个空间观测站，目的是对大爆炸之后出现的宇宙微波背景辐射进行探测与分析。它位于地球之上 150 万千米的地月引力平衡点处。它的初步分析结果显示，宇宙中的暗物质所占比例已提高到 27%。

宇宙大挤压

就像大爆炸解释了宇宙的起源一样，大挤压，又称大崩坠，是一种解释宇宙会如何灭亡的理论。由于我们无法了解暗能量到底是以何种方式在使宇宙加速膨胀的，自然也不能排除这种能量会产生反作用，也就是说开始减速，使得宇宙终将因为所有物质挤压在一起而引起一场大的崩塌。

太阳系

太阳系是地球所在的行星系统，由太阳——太阳系中唯一的一颗恒星——和其他绕着太阳运转的天体组成。它位于银河系猎户臂的本星际云，距离银河系中心 28000 光年。离太阳系最近的恒星是比邻星，位于 4.22 光年之外。

上图为几个主要的海王星外天体的模拟图，分别是：阋神星和它的卫星阋卫一（迪丝诺美亚）；冥王星和冥卫一（卡戎）；鸟神星；妊神星和它的两个卫星；赛德娜和创神星。

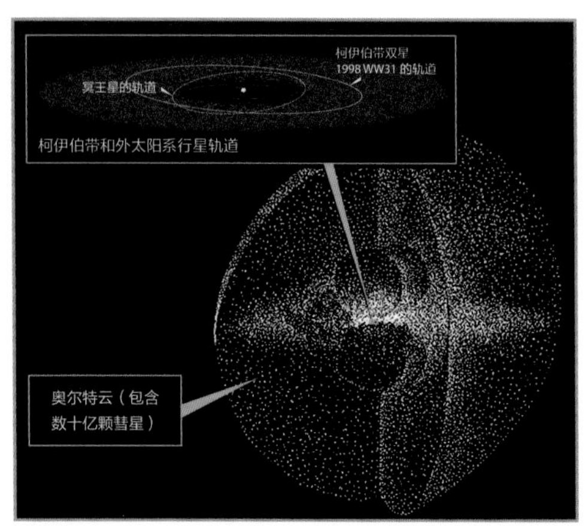

上图为盘状的柯伊伯带被包裹在奥尔特云里。图中左上将冥王星轨道和柯伊伯带双星 1998 WW31 的轨道做了比较。

太阳系的形成要追溯到46亿年前的一次分子云坍缩。在引力的作用下，分子云逐渐收缩并且加快旋转，中心部位密度渐渐变大，温度越来越高——太阳这颗恒星就此诞生。而尘埃、冰以及其他粒子聚集，形成了微行星，也就是行星的前身。微行星在互相撞击的过程中于太阳系内部产生了岩石行星。

再后来，微行星的猛烈撞击产生的岩核不断聚集外部气体，在一个更为寒冷的区域形成了大型的行星。这些撞击留下的大量小体积残骸全部被推到太阳系边缘，形成了彗星云，也就是位于太阳系边界的奥尔特云。

我们的世界

太阳在体积上遥遥领先于太阳系内的其他天体。它是太阳系内唯一一个自发光的天体，其质量占到太阳系总质量的 99.86%。除了太阳，太阳系还包括 4 颗内行星（水星、金星、地球、火星）、小行星带、4 颗外行星（木星、土星、天王星、海王星）、卫星、矮行星、大量小天体（小行星、彗星）以及柯伊伯带天体组成。目前，我们已知太阳系里有 400 多颗天然卫星、6000 多颗彗星和 70 万颗小行星。除了冥王星和少量的柯伊伯带天体轨道有明显倾斜外，其他行星和小行星大都在同一个平面上沿椭圆轨道围绕太阳逆时针运转（以太阳北极为参照）。

科学家观察太阳系的视角在近 250 年来发生了剧变。曾经在数百年内一直被公认的理论——地球是太阳系的中心，直到 17 世纪才被推翻并证明太阳才是太阳系的中心。在望远镜和太空任务的帮助下，我们发现仅仅在我们

银河系景观。

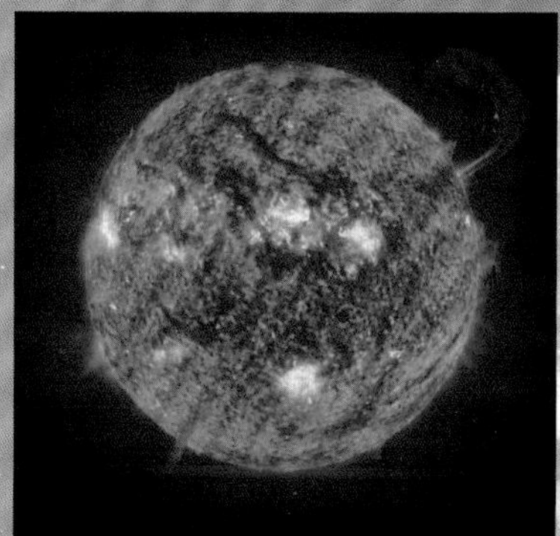

极紫外成像望远镜下的太阳，温度最高的区域呈白色。

的银河系中就有上百个类似太阳系的行星系统。而最近 50 年，被研究分析的太阳系内外的天体有数千个。在我们竭尽所能对太阳系的特性及其与宇宙之间的相对关系进行理解的过程中，这些天体都做出了贡献。

行星的距离和轨道

行星的轨道依照它们距离太阳的远近排列，而且一个行星与太阳的距离通常约为前一个行星与太阳距离的两倍。这个规律被称为提丢斯－波得定则，然而当它被套用在海王星身上时出现了偏差：海王星离太阳的距离比推算结果要近得多。目前，提丢斯－波得定则仍然是一个奇妙的数学巧合，与其把它当作天文学计算规则，不如说它在助忆法方面更具价值。

水星

距离太阳 5800 万千米。绕太阳一周需 88 天。

金星

距离太阳 1 亿千米。轨道周期为 224.7 天。

地球

人类栖居的行星，距离太阳 1.5 亿千米。绕太阳一周需 365.25 天，也就是地球时间一年。

火星

地球的近邻，距离太阳 2.3 亿千米。轨道周期为 687 天，约为地球的两倍。

我们可以在下文中看到每个行星与太阳的距离以及沿各自轨道绕行一周所需要的时间（以地球时间的年月日为单位）。如此，我们会对太阳系的运作有一个整体的概念。

太阳系行星的轨道速度

行星	轨道速度 /(千米 / 秒)
水星	47.9
金星	35.0
地球	29.8
火星	24.1
木星	13.1
土星	9.6
天王星	6.8
海王星	5.4

木星

位于小行星带之外，距离太阳 7.8 亿千米。绕太阳一周需 11.9 年。

土星

距离太阳 14 亿千米。轨道周期有 29.5 年之久。

天王星

距离太阳 29 亿千米。绕太阳一周需 84 年。

海王星

距离太阳 45 亿千米，是离我们最远的太阳系内行星。绕太阳一周要花 163.7 年。

内行星

内行星也称类地行星或岩质行星。它们是位于小行星带内侧的水星、金星、地球和火星。这 4 颗行星的内部核心均由岩石和金属组成，并几乎在 46 亿年前同时形成。它们的轨道也是所有行星中最接近圆形的。

柯伊伯带

位于海王星轨道外侧，距离太阳 60 亿 ~75 亿千米。柯伊伯带中聚集了大量太阳系小天体，目前发现的天体直径为数千米到数千千米不等。太阳系中的短周期彗星都是源于此处。

小行星带

太阳系中火星和木星轨道之间的一个区域，这里汇聚着大量的小行星以及名为谷神星的矮行星。谷神星绕太阳一周需要地球时间的 4~5 年。

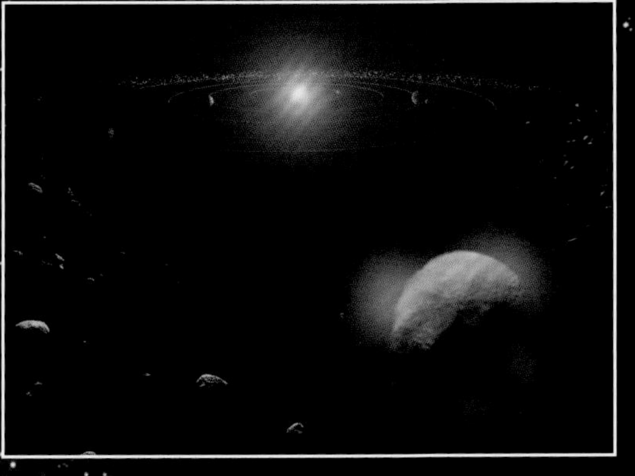

小行星

围绕太阳独立运行，由岩石、碳、金属构成的太阳系小天体。科学家按照小行星的位置、成分等对它们进行分类。1801 年，第一颗小行星——谷神星被发现，目前被归类为矮行星。从那时起，几十万颗小行星相继成为我们的研究对象。即便如此，所有被发现的小行星的质量加起来也不超过月球质量的 5%。

巨行星

太阳系中的巨行星是分布在小行星带外侧的四颗行星：木星、土星、天王星、海王星。它们由岩核以及外围的流体组成，也因此，它们没有一个固定的表面。

奥尔特云

这个广袤的、可容纳超过一百万个不同大小的冰冻天体的球形区域位于太阳系最遥远的边际——距离太阳大约 2 光年，大约是太阳与最近的系外恒星之间距离的一半。虽然奥尔特云还没有被直接观测到，但科学家普遍认为它是长周期彗星和哈雷彗星的发源地。

太 阳

太阳位于太阳系中心，是地球所在行星系的恒星。它是太阳系中电磁波和能量的最主要来源，占太阳系总质量的 99.86%。

太阳参数
直径：1392000 千米
表面平均温度：5500℃
年龄：46 亿岁

太阳的形成可以追溯到 46 亿年前，是那些最古老的恒星释放出的气体与尘埃积聚的结果。它被认为是一颗正处在主序带阶段的中年恒星，经估算，太阳所处的这一阶段大约还将持续 50 亿年，直到可以产生能量的氢被耗尽。到那时，太阳会变成一个巨大的红色物体，燃烧的将会是长期积累的氦。它释放出的巨大能量能将太阳系内的行星摧毁。到 75 亿年之后，它还会褪去外壳，变成一颗白矮星。

构成与特性

太阳的成分中，92% 为氢，如此大量的氢也是太阳最主要的能量来源。通过核聚变，氢转变成氦（氦目前占太阳质量的 7%），这一过程会产生大量的洁净能源，它不仅不会破坏原子，反而会让它们互相结合。另外，太阳还含有碳、铁、氖、硅、镁和硫等元素。以上这些同样存在于地球和地球生物中的元素，其实就是来自于太阳和宇宙中的其他天体。和其他恒星一样，太阳也呈球形，并由于它缓慢的自转，两极稍显扁平。它的层层外壳下包着由等量共存的氢、氦组成的核心，而核心中产生的聚变发出光子。太阳还不断向外吹出太阳风并形成了太阳圈，其范围甚至超出了冥王星的轨道，太阳圈内的所有物体都处在太阳的磁场中。此外，太阳圈还保护太阳系不受外来辐射的影响。而在太阳的外层结构中，电磁过程的活跃性导致了太阳黑子的形成。由于它们的辐射和磁场活动影响着人类的日常生活，可以说这两种现象对地球生命来说都具有重要意义。

太阳的体积是地球的 130 万倍；尽管如此，它与其他恒星相比，也只是中等大小。

欧洲航天局和美国航天局联合研制的尤利西斯号探测器为太阳圈的探索做出了巨大贡献。

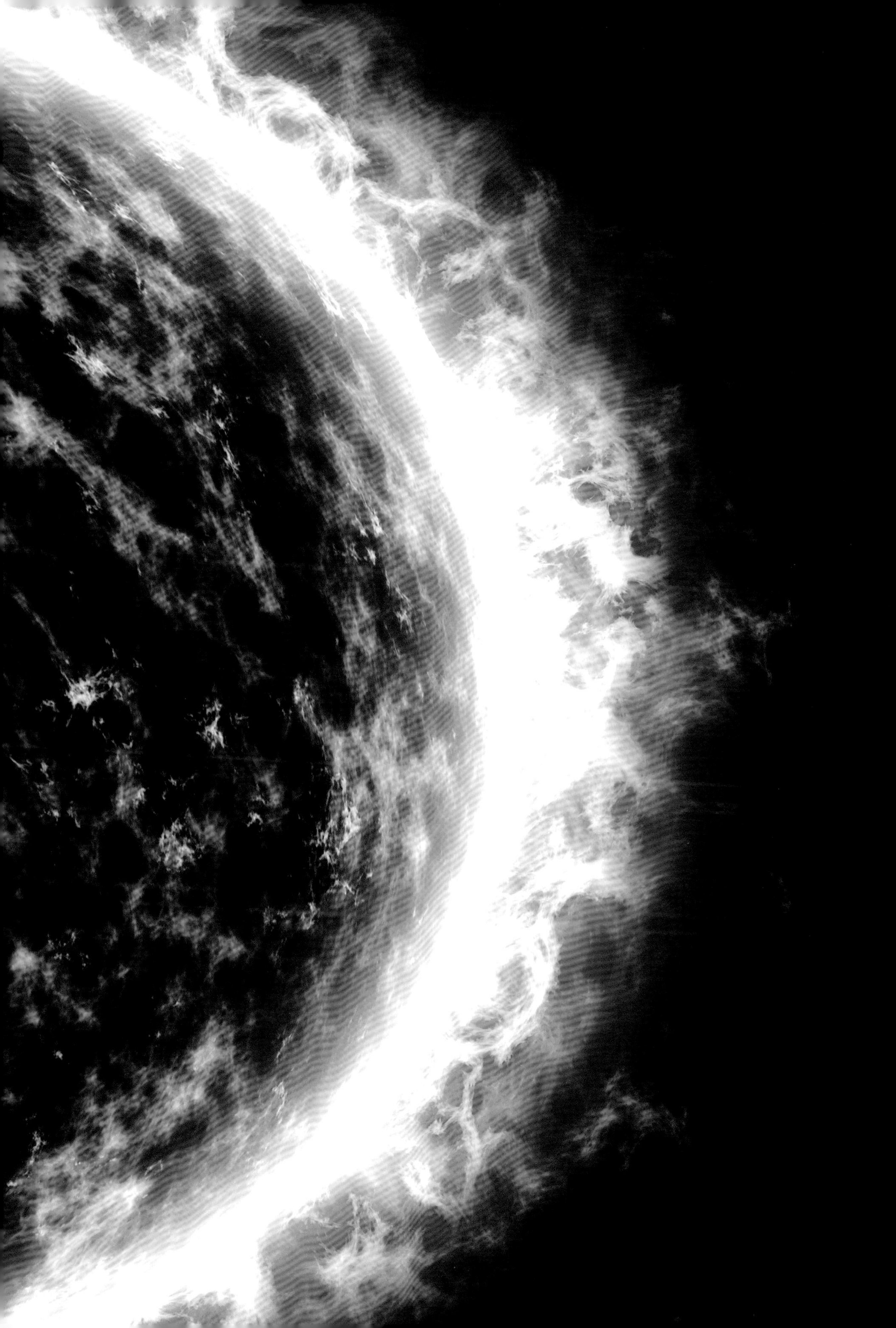

太阳

太阳的结构是一层一层的，但不同于行星的是，它的层与层之间没有明确的界限。科学家对这些层的划分依据是每层所具有的不同的物理作用。

1. 太阳核心

太阳的核心半径占整体半径的1/5左右，它内部的热核反应为这颗恒星提供着能量。在核心的构成中，氢和氦分别占49%，剩下的2%则是一些其他起催化作用的元素。

2. 辐射层

辐射层由等离子体组成，包裹在太阳核心外围。核心产生的能量以直接辐射的形式到达这一层。

3. 对流层

对流层位于辐射层外。内层的气体脱离离子状态，光子也更容易被吸收。这种元素构成的改变使热量不能被均匀地传递，从而导致了巨大的温差。而这种温差又引起了类似于地震效果的激烈反应。由此，物质一直处于一种连续的、陡然的上升与下降状态。

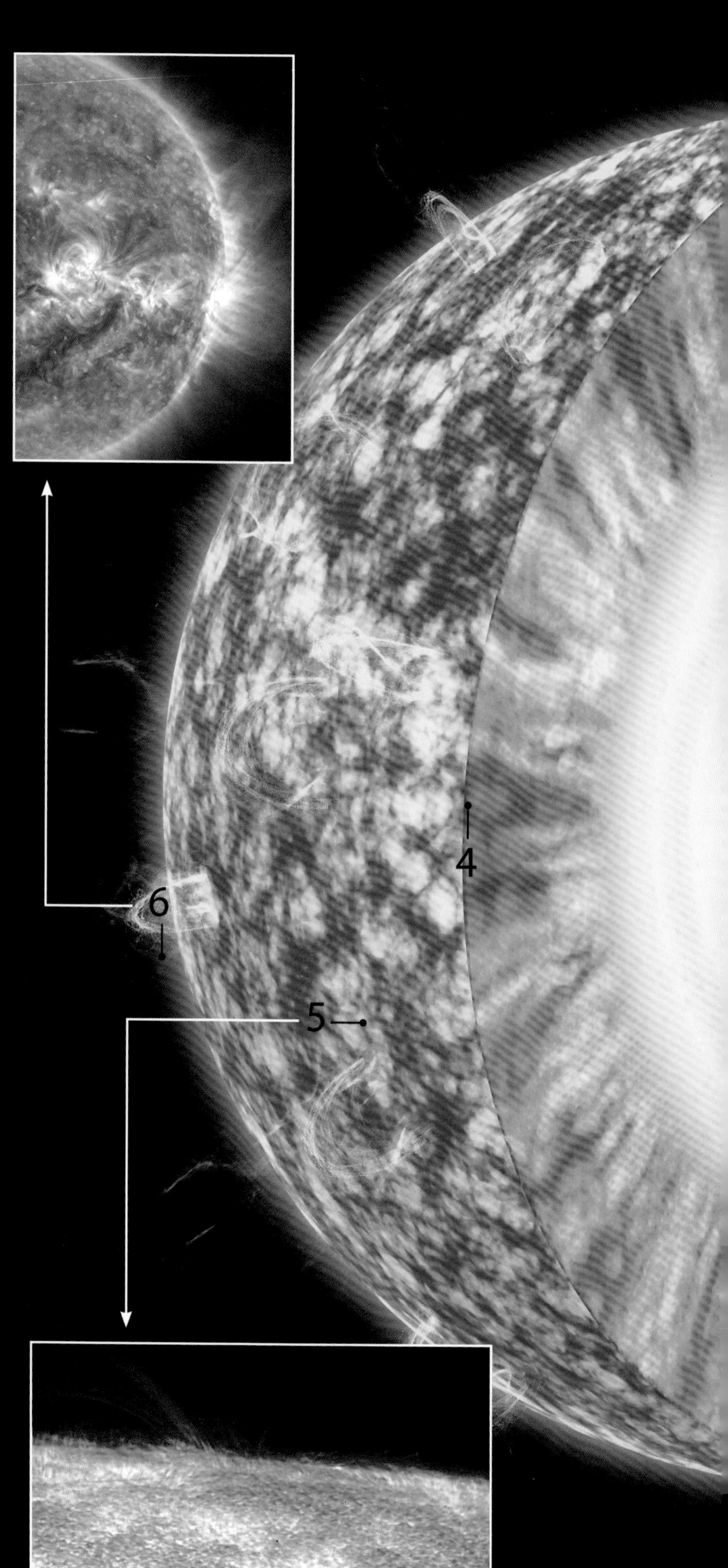

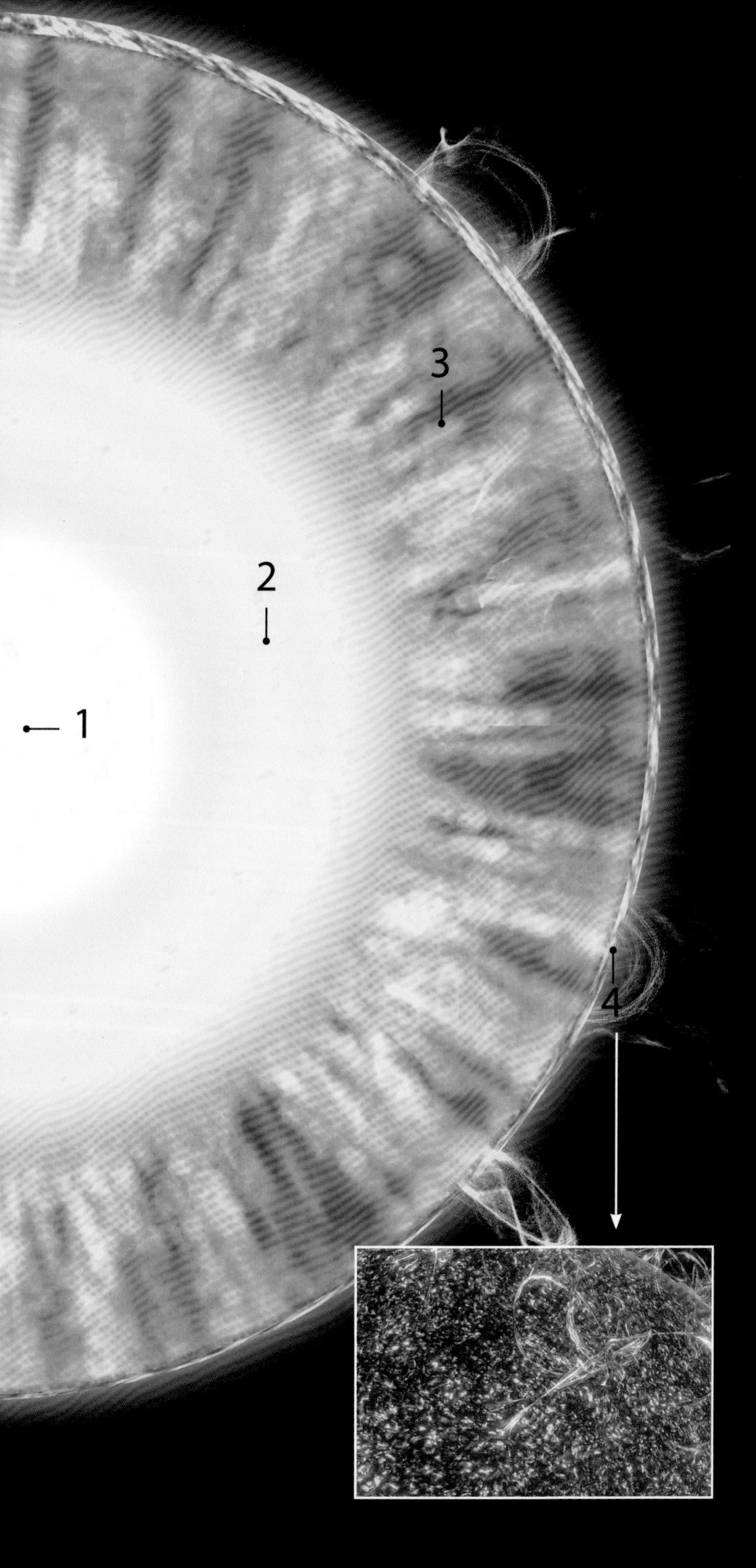

4. 光球层

光球层被认为是太阳表层，太阳的可见光从这里发出。它的厚度不到 200 千米，颜色透明。而我们从地球观察到的黄色的太阳表面其实是因为地球大气层的作用。另外，太阳黑子也发生在光球层。

5. 色球层

色球层位于光球层之上，厚度约 2000 千米。由于光球层太过耀眼，在不借助光学仪器的情况下，色球层一般无法被观察到。在色球层还会发生耀斑现象，长度能达到 15 万千米。

6. 日冕

日冕只能在太空中通过特殊器材观察到，其形状会随着太阳风和磁场线变化。

太阳的能量

太阳每秒都将 6.2 亿吨的氢转化为氦，并释放出 3.8×10^{26} 焦的能量散布到整个太阳系，这相当于每秒产生 9 亿亿吨 TNT 炸药爆炸的能量。

生命源头

对于所有地球生命来说，太阳被认为是万物的主宰。连同人类在内的所有生物都属于碳基生物，它们需要利用阳光产生一系列化学反应才能得以生存。

依赖阳光进行光合作用的生物是地球食物链的基础。此外，太阳的能量还促进了气候变化过程，使得地球变成了一颗宜居星球。

光子的行程

核聚变产生的能量不是一瞬间释放出来的。原子核中生成的一个光子可能需要 100 万年的时间才能到达太阳表面并以可见光的形式被释放出来。

太阳风

太阳风是由日冕中的等离子体从太阳中挣脱而形成的。这股来自太阳的源源不断的粒子流还形成了太阳圈。另外，太阳风还会导致强磁暴并扩散至整个太阳系，甚至给地球上的卫星、通信和电器设备造成损害。随之发生的太阳耀斑也在形成后的第 8 分钟就能对地球造成冲击。

对太阳的探索

欧洲航天局和美国航天局于 1995 年合作发射的太阳和日球层探测器对各种波长的太阳光进行了研究，这些太阳光中有很多都无法从地球探测到。另外还有用于研究太阳活动的尤利西斯号探测器和美国发射的用于采集太阳风粒子原始样本的起源号探测器。

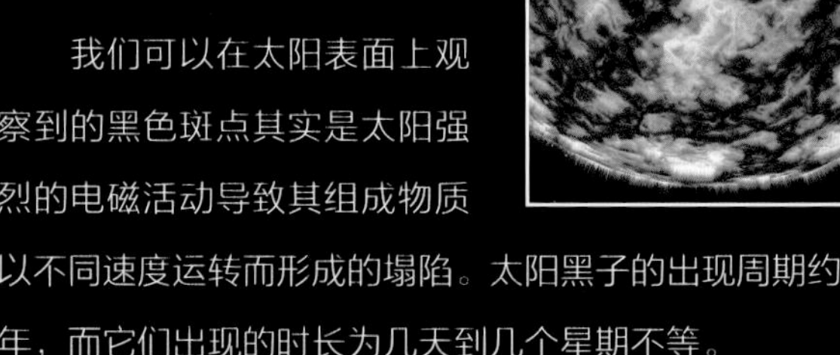

太阳黑子

我们可以在太阳表面上观察到的黑色斑点其实是太阳强烈的电磁活动导致其组成物质以不同速度运转而形成的塌陷。太阳黑子的出现周期约为 11 年，而它们出现的时长为几天到几个星期不等。

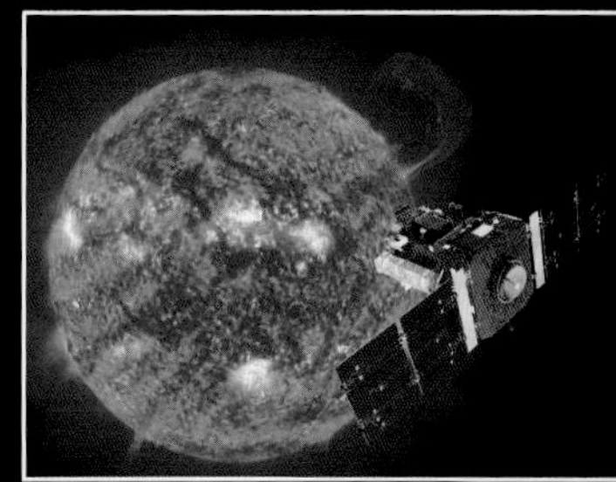

地 球

地球是我们赖以生存的星球，也是整个太阳系甚至可能是我们已知的宇宙范围内唯一一个存在生命的天体。它与太阳恰到好处的距离以及其独有的大气层为生命的孕育和发展提供了有利条件。

地球参数

直径：12713 千米
重力加速度：9.8 米 / 秒 ^{2}
自转周期：23 小时 56 分 4.1 秒
公转周期：365.25 天

作为太阳系中与太阳距离第三近的行星，地球享有着一系列特权，那就是拥有富含氧气的大气层以及 15℃的平均气温，因此液态水得以存在。而有了液态水，生命也成为可能。太阳系中再没有其他任何一个星球像地球一样能够包容如此多样的动物群与植物群。正如我们所见，太阳系的其他行星展示给我们的都是贫瘠和荒凉的景象，如由岩石和尘埃组成的巨大沙漠，它们的表面极度冰冷或炽热，在这样的环境中，是无论如何不会有生命的容身之所的。

然而，所有行星的形成过程都是大同小异的。宇宙诞生于 138 亿年前发生的那场物质和能量的大爆炸，初生的宇宙在几百万年间迅速膨胀。

地球的起源

46.5 亿年前，弥漫宇宙的尘埃和气体因为引力牵引而聚积成了一个温度很低的球体，但慢慢地因为其物质的收缩和成分的放射性而变得越来越热。同时，在引力的作用下，如铁和镍这类较重的元素沉往地球的内部，而较轻的元素则会升至表面。这样，地球的层状结构就慢慢地形成了，即地核、地幔和地壳。

在以上过程发生的时候，地球表面的多处火山发生喷发，其内部的气体和水被喷出并滞留在大气层中（因为引力）。随着地球的地壳慢慢冷却下来，大气层中的水蒸气凝结成水滴落到地面，形成了一场持续上百万年的大雨。这场大雨形成了原始海洋。

地球的特性

地球是距离太阳第三近的行星，体积上则排第五。地球呈球形，两极稍扁，有一颗大型卫星——月球——围绕着它运转，而它自己也同时在自转并绕着太阳公转。

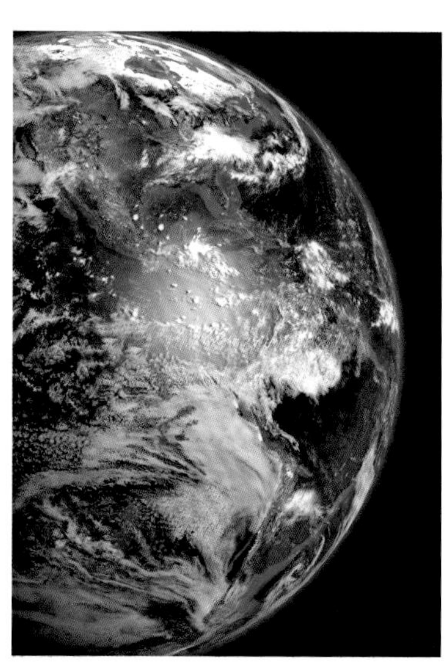

地球表面的 71% 被水覆盖，因此地球又被称为“蓝色星球”。

从太空可观测到部分大气层：被称为对流层的薄气层，厚度只有约 15 千米，是云、雨、风产生的地方。

从太空看到的欧洲夜景。

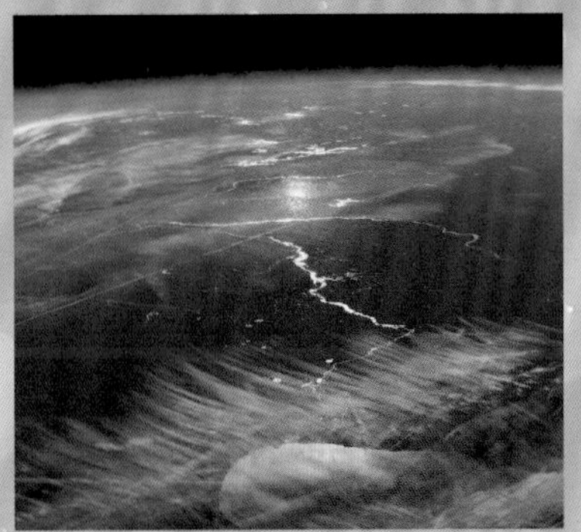

从太空看到的密歇根湖景色。

在地球周围，笼罩着它的大气层就像温度调节器一样，保护着这颗行星不被白天和黑夜的极端温度侵袭。除此之外，地球还被一个巨大的磁场包围，这个磁场使整个地球变成一个巨大的磁铁。也因此，指南针才有辨别方向的功能。地球是太阳系中唯一一个有板块构造的星球，也就是说，它是处在不停的变化之中的。

再看看地球与其他重要天体的体积比较，它的恒星，也就是太阳，约是地球的 130 万倍大，而地球体积又是月球的 49 倍。

地球

地球的结构是层状的。我们能接触到的只是它非常微小的一部分，也就是它表面的能见部分。其实，这颗行星的大部分被深深藏在了它的内部。

外部世界

人造卫星是指那些绕行星运转的无人航天器，它们的任务是将承载珍贵信息的图像传回地球。

比例

与地球的内部圈层类似，围绕它的大气层也呈独特的层状结构。大气层中各个组成部分的比例也不是很平均：77% 为氮气，而氧气只占 21%，然而这样的氧气含量也足够维持我们的生命了。地球表面的 71% 被水覆盖，其中有 96% 为海洋。

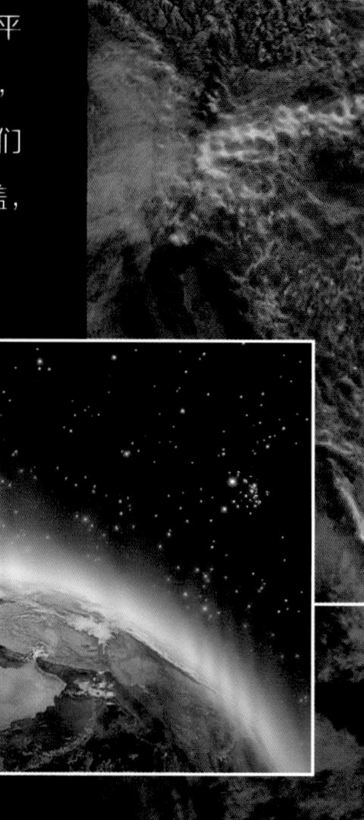

大气层

包裹着地球的气体圈层（主要是氧气和氮气），可以避免白天过热、夜晚过冷，起到温度调节的作用。

转轴倾角㊀	23.4°
与太阳距离	1.5 亿千米
表面平均温度	14.5℃
赤道自转速度	1674 千米 / 时
平均公转速度	107200 千米 / 时

㊀ 轨道倾角是行星的轨道平面与赤道平面之间的夹角。——编者注

地球大气层

对流层：0~15 千米（距离地面），含有大气中 80% 的水汽。

平流层：15~50 千米，下层温度稳定，上层包含臭氧层。

中间层：50~80 千米，气温随高度的上升而下降，最低可达 -100℃。

电离层：80 千米以上，空气分子保持电离状态。

地球运动

地球围绕太阳进行 365.25 天（大约一年）的公转运动。此外，它本身也进行着自转，周期为 23.94 小时（一天）。我们的昼夜更替都是由于它的自转。由于它的转轴倾角为 23.4°，因此每 3 个月还会有一次季节的变化。

地球各圈层

地核是地球最内层（处于 3000 千米的深处），几乎全部由铁（88%）和少部分镍组成。地核外边则是占整个地球体积 84% 的地幔，其自身就分很多层。最后是地壳，厚度 5~70 千米不等，即地球表面拥有多种多样地形地貌的岩石层。

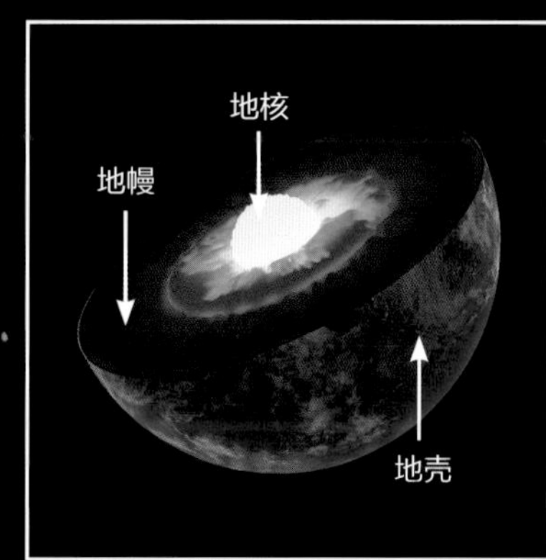

地球参数	
质量	5.97×10^{24} 千克
体积	1.08×10^{12} 千米^3
密度	5.5 克 / 厘米^3
表面积	5.1×10^{8} 千米^2
陆地（29.2%）	1.5×10^{8} 千米^2
水（70.8%）	3.6×10^{8} 千米^2

地形

地形是地壳或称岩石圈在地球表面呈现出的凹凸起伏。地形有很多种，如海拔较低的平坦地区是平原；有

较大的海拔高度和相对高度而凸起的高地是山；低于四周地形水平高度的则是由于水和风的侵蚀而形成的盆地或峡谷。

永冻冰

存在于极地地区的冰川由长年不融化的永冻冰组成，占地球总水量的 2%。

冰川

湖泊

海

山

高山和峡谷

地球岩石圈的 24% 表现为地表的大型凸起。剩余部分则都是平原和峡谷。

海洋

水的大量聚集形成了四大洋（大西洋、印度洋、太平洋和北冰洋）并把陆地分成各个板块。河流、湖泊、地下水和海洋比起来，水量可以说相当小。

荒漠

地表最广袤的区域（约1/3）都是由荒漠构成的，因为常年干旱，所以生命难以存活。但无论是沙漠还是岩漠，炎热还是寒冷，它们都是不可替代的矿物储藏地。地球上最大的沙质荒漠是撒哈拉沙漠，最干燥的是阿塔卡马沙漠。而冻原则是极其寒冷的一种荒漠。

动物区系和植物区系

栖居在地球上的动物和植物种类极其丰富，它们根据环境气候分布在不同的生态系统中。这些自然储备几乎可以提供人类生存所需的所有原材料。

雨林

雨林和草原

热带森林或雨林长满了高达 30 米的树木，与平坦、干燥、缺少树木的草原形成强烈的对比。

卫星拍摄的南半球景观。

月 球

月球参数
直径：3476 千米 表面平均温度：昼 107℃，夜 -153℃ 自转周期：27 天 7 小时 与地球距离：384400 千米

月球是地球唯一的天然卫星，也是最接近地球的天体，宇宙飞船只需 3 天即可到达。它是一颗巨大的岩石，干燥且无大气层，直径约为地球的 1/4。

科学家认为，月球可能形成于 45.3 亿年前。当时，一颗约火星大小的小行星和地球相撞，地幔的一小部分脱落，飞洒向太空。在地球引力的作用下，这些岩质物形成了云状圆环，环绕在地球周围。虽然这个圆环质量非常大，但和地球有足够的距离，不至于让引力再次把它吸引回地球。接着，这些岩质物渐渐冻结，互相结合，其中最大的那一块体积不断增大。几万年之后，月球就这样形成了。

地球和月球

地球和月球之间的相互影响是在漫长的时间长河中“磨合”而成的。月球自转一圈所用的时间正好是绕地球一周的时间，因此我们从地球看到的月球表面其实永远是同一面。月球作为卫星沿椭圆形轨道绕地球逆时针运转。

月球绕地球的轨道相对于地球绕太阳的轨道有所倾斜。每当月球经过两个轨道交点的其中一个时，就可能发生日食或月食现象。月球与地球的平均距离为 384400 千米（喜帕恰斯早在公元前 150 年就计算出了地月距离，误差仅为 8%）。但最新研究表明，月球正在以每年 4 厘米的速度远离地球，这将导致月球自转速度会根据远离程度正比例减慢。这种减速会在某个时刻到达一定的平衡，那时的地球一天会有 47 个小时，而月球绕地球一周需要 47 天。另一方面，月球有一个固态的金属核心，它被一层熔融的岩石圈和另一层固态的岩石圈包裹。月球表面没有风、水或其他气象要素，只有无尽的岩石。这层岩石在陨石和小行星的撞击下变得坑坑洼洼。40 亿年前发生过一场史上最大规模的陨石坠落月球的事件，从那之后，这种陨石运动才稳定减弱。有些陨石的冲击力大到月壳被撞破，流出当时存在于月幔中的岩浆。这些岩浆漫过一些撞击坑，再次抚平月球表面。

月球是历史上唯一被人类踏足的天体。关于它的太空任务多达几十次，其中六次是载人任务。由于月球和地球十分亲密，有的科学家提出建议将它们命名为“地月双星系统”。但事实是，月球只是一颗纯粹的卫星，尽管它对地球的影响颇大，如潮汐、地球自转速度、日月食甚至人类的昼夜作息生物钟都与月亮有关。

日月食

日月食是一个天体被另一个天体遮蔽，而貌似凭空消失的现象。当地球、月球和太阳形成三点一线的时候，如果月球处于地球和太阳的中间，那么就会发生日食；如果地球完全将月球遮住，则会出现月食。这个有趣的现象

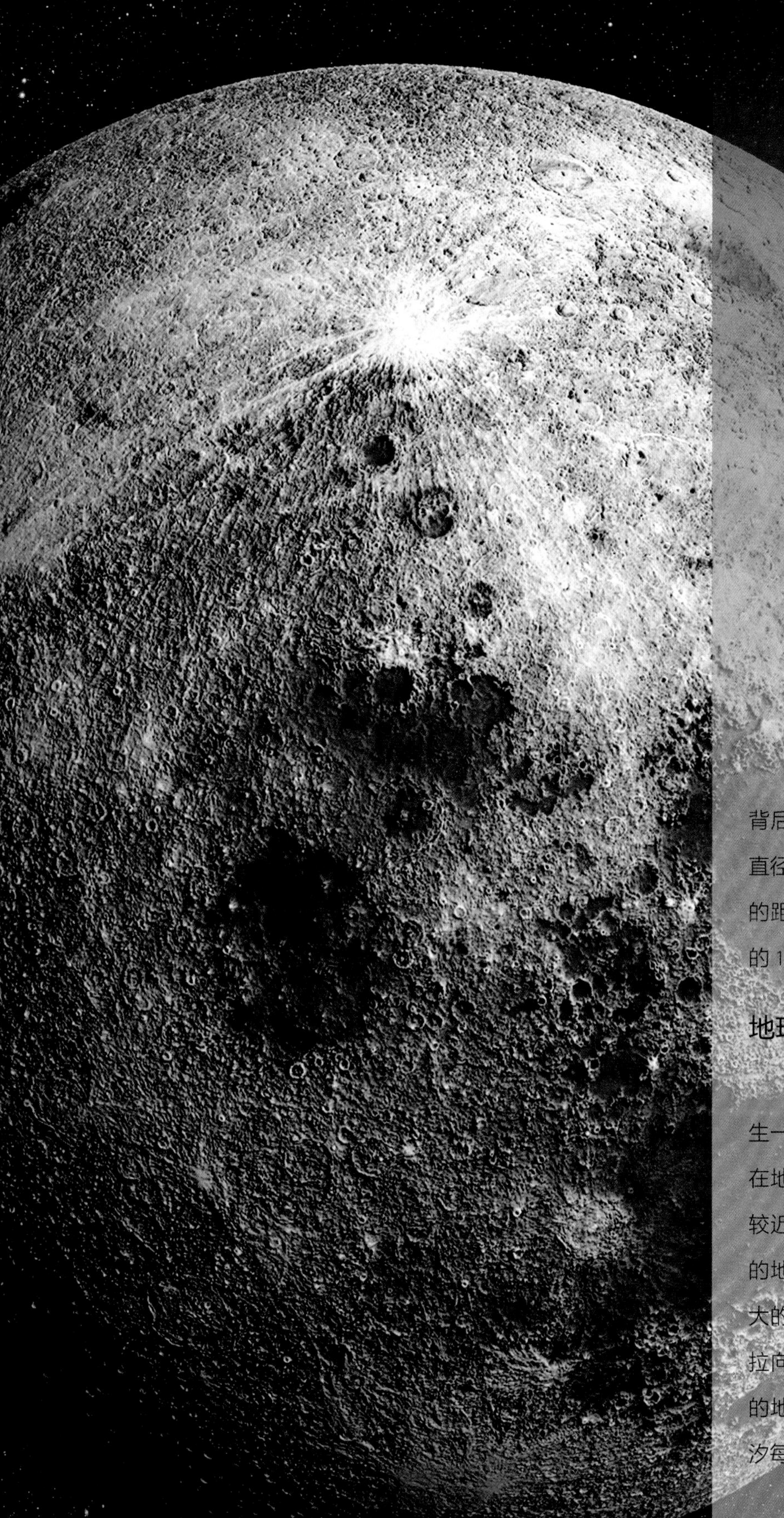

背后还有一个数学巧合：月球的直径是太阳的 1/400，而它离地球的距离也正好是太阳离地球距离的 1/400。

地球潮汐

事实上，月球也会对地球产生一个小的引力，这个力的大小在地球的各个地区不同：离月球较近的地区引力较大，距离较远的地区引力较小。在月球引力最大的区域，大气层和海洋都有被拉向月球方向的趋势，引力较小的地方就会退潮，如此一来，潮汐每天会发生两次。

月球

月球是太空中被研究最多的天体。它和地球的亲近关系使得物理学家、化学家和天文学家们都对它产生了浓厚的兴趣。登上月球这个人类一直怀抱的梦想，在 1969 年 7 月 20 日终于实现了。

阿波罗 11 号

美国的登月任务阿波罗 11 号第一次将人类送往月球。在长达 200 小时的任务里，宇航员阿姆斯特朗、科林斯和奥尔德林在月球表面停留了 21 小时 36 分，并带着大量的岩石样本安全返回地球。从那以后，美国在 1969—1972 年间又进行过过 6 次阿波罗计划的任务。由于月球没有大气，尼尔·阿姆斯特朗的脚印会在月球表面留存千百万年，除非陨石恰好坠落在那里才能抹掉人类登月的痕迹。

月相

从地球看到的月亮似乎每天都有一个不同的形状，从满月到残月、新月，再到满月，周而复始，每一轮变化周期平均是 29.5 天。事实上，这种效果是由月球绕地球运行，太阳光每天照在月球表面的区域面积变化而造成的。

撞击

目前每年仍然还有大量小行星和陨石撞向月球。2013 年 3 月，一个巨大的岩石对月球的冲撞导致了一场从地球上也能观测到的史上最明亮的爆炸之一。

月球隐藏的侧脸

月球有一侧的半球表面是不能从地球观测到的。月球自转一圈和公转一周所需时间几乎一致，这种情形导致了月球一直以来向我们展示的只是同一半球。另一半球一直被隐藏，直到1959年，苏联无人探测器月球3号才首次拍到了它的真面目。

月球示人的侧脸

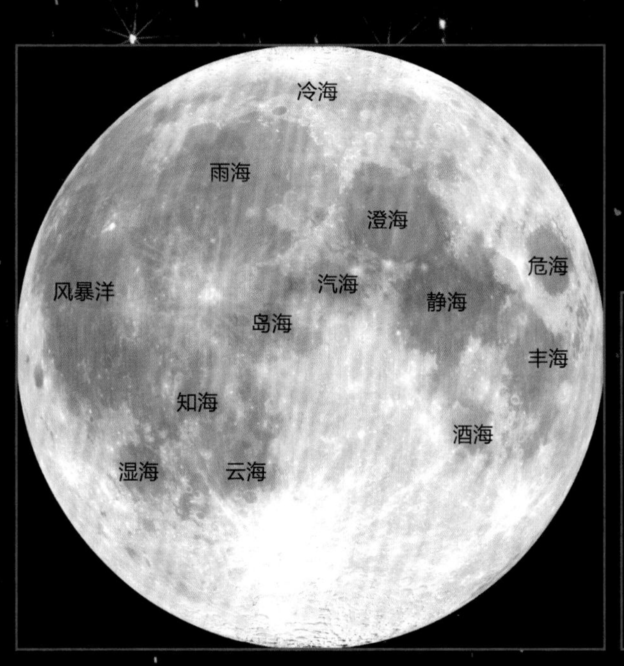

月海

月球表面可以分为高原、平原和海拔较低的月海。月海大量存在于我们能够从地球观测的半球。它们形成于最大型的陨石撞击月球、熔岩从月幔喷出之后。最后这些熔岩蔓延开，使月球表面变得平整。

水 星

水星是太阳系中最小且离太阳最近的行星。它在很早之前就被人类发现了，但由于它太接近太阳，光照强烈，科学家对水星的观测一直都很有难度，通常只能在日出和日落的几分钟内进行。直到 20 世纪 70 年代中期，人们凭借探访水星的太空探测器发回的数据，对水星的认识才有了重大突破。

水星参数
直径：4880 千米 重力加速度：3.7 米 / 秒 ^{2} 自转周期：58 天[⊖] 公转周期：88 天

水星是太阳系 4 颗岩质行星之一。它由 70% 的金属元素，和 30% 的硅酸盐构成。水星核心富含铁，且占了它体积的很大一部分，比例达 42%，而相比之下地球核心仅占了总体积的 17%。这个特殊的情况让体积虽然很小的水星在密度方面居于太阳系所有行星的第二位。

然而，水星中包围核心的地幔的厚度仅有 600 千米，原因可能是在行星形成之后，一个大型天体对水星进行了撞击，导致地幔脱落。水星的地壳厚度仅有 200 千米。

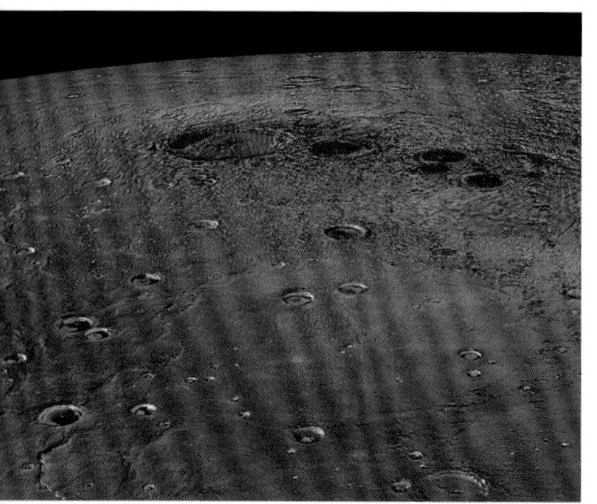

据估计，水星赤道地区的温度在夜间可以低至 −173℃，而在日间可以高达 427℃。

表面和大气

水星的表面与月球表面很相似，成千上万大大小小的陨石撞击坑构成了它的地形。水星因为没有大气层来缓冲靠近它的天体，几百万年来它不断受到各种各样的陨石撞击。40 亿年前，水星有过一个强烈的火山活跃期，每次较大的陨石撞击都会引起新的岩浆爆发。之后岩浆冷却，凝固成我们现在看到的水星表面的大型平原。水星的地形还有一个特征，那就是有一些巨大的绝壁。这些绝壁的成因是火山活动引起的地震和这颗行星剧烈的温度变化。

地壳
地幔
核心

水星结构简示图：核心厚度达 1800 千米，接着是厚度仅 600 千米的地幔和 200 千米的地壳。

运行轨道

水星的轨道离心率是太阳系所有行星中最大的。这个特点使它在运转过程中与太阳的距离在 4600 万 ~ 7000 万千米之间变化。再加上它的自转比公转慢，它表面的温差也非常大。

⊖ 如无特殊说明，本书中行星或其他天体的运行周期均以地球时间的年月日为单位。——编者注

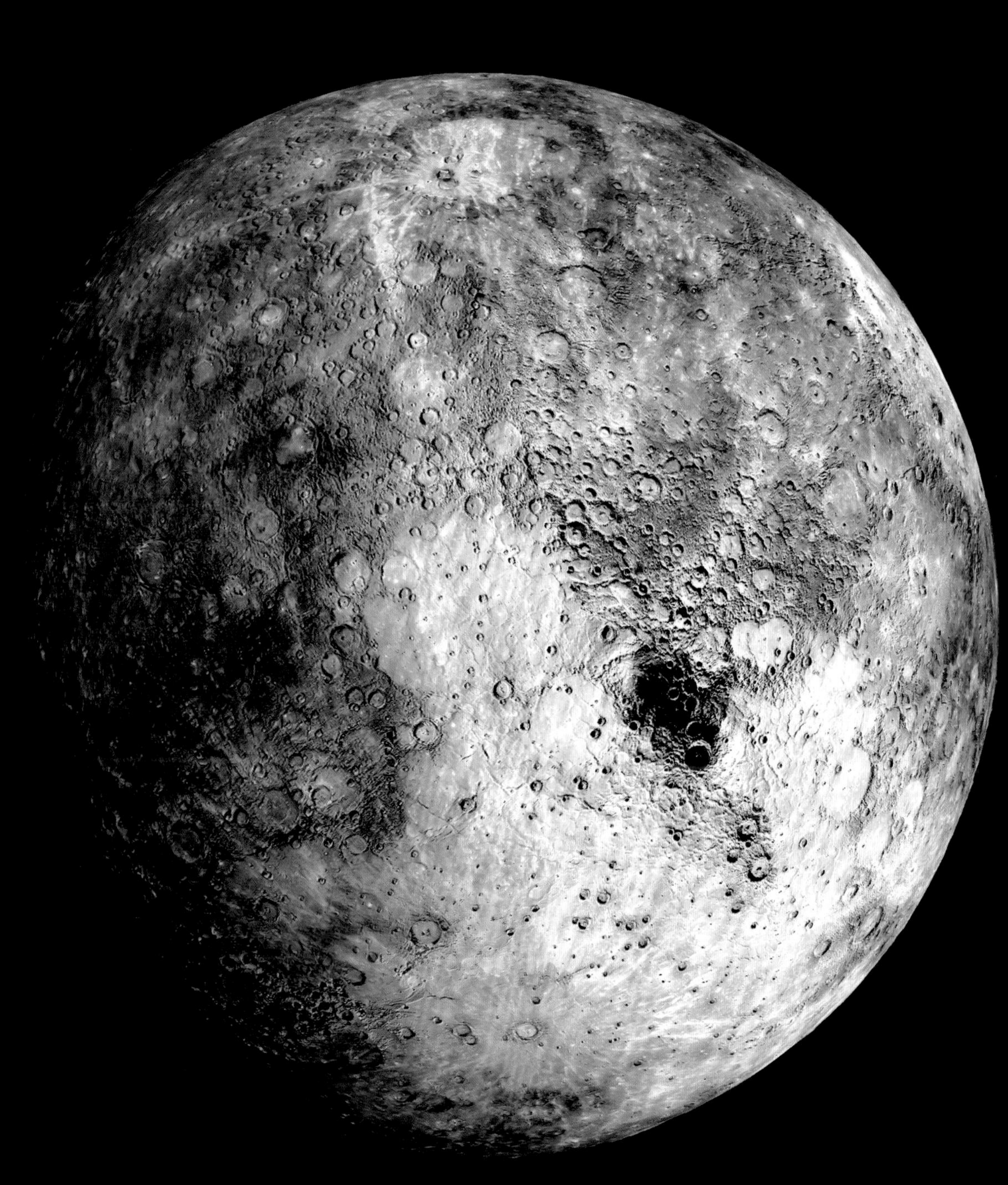

水星

由于最接近太阳且体积较小，水星不光一直调动着人类的好奇心，它的诸多特质也多次挑战物理定律。几个世纪以来，科学家们从未停止过为水星的特殊现象寻找答案。

大气

水星的大气层稀薄，总重只有 1000 千克，由 42% 的氧、29% 的钠、22% 的氢以及少量其他元素构成。水星大气层主要是从太阳风中捕获的一些气体。

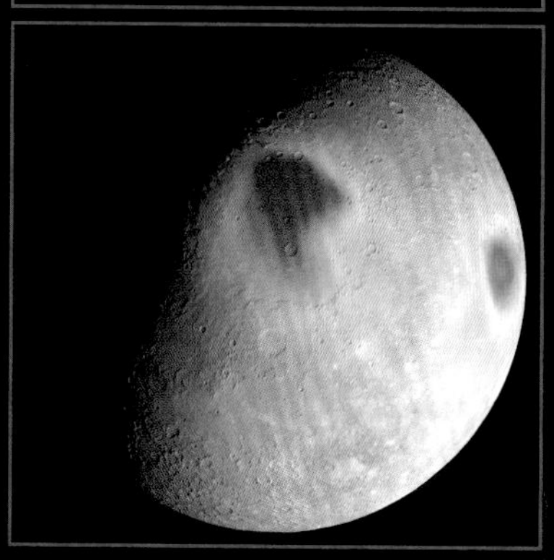

水星上的水资源

信使号探测器在水星极地发现了少量的冰。水星的细微倾斜使得它的南北极从来没有接受过太阳光的照射。

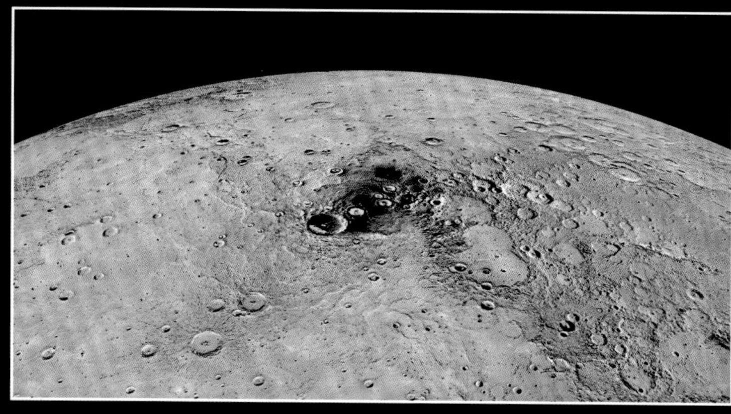

与太阳距离	57909227 千米
表面平均温度	赤道 67℃
	两极 −73℃
质量	0.06（地球 =1）
体积	0.05（地球 =1）
密度	5.43 克 / 厘米 ^{3}
表面积	7.5 x 10^7 千米 ^{2}

最长的白昼

相对于一年的时长来说，水星是一天时长最长的行星。过一个水星日（58 个地球日）就相当于过了一个水星年（88 个地球日）的 2/3 了。

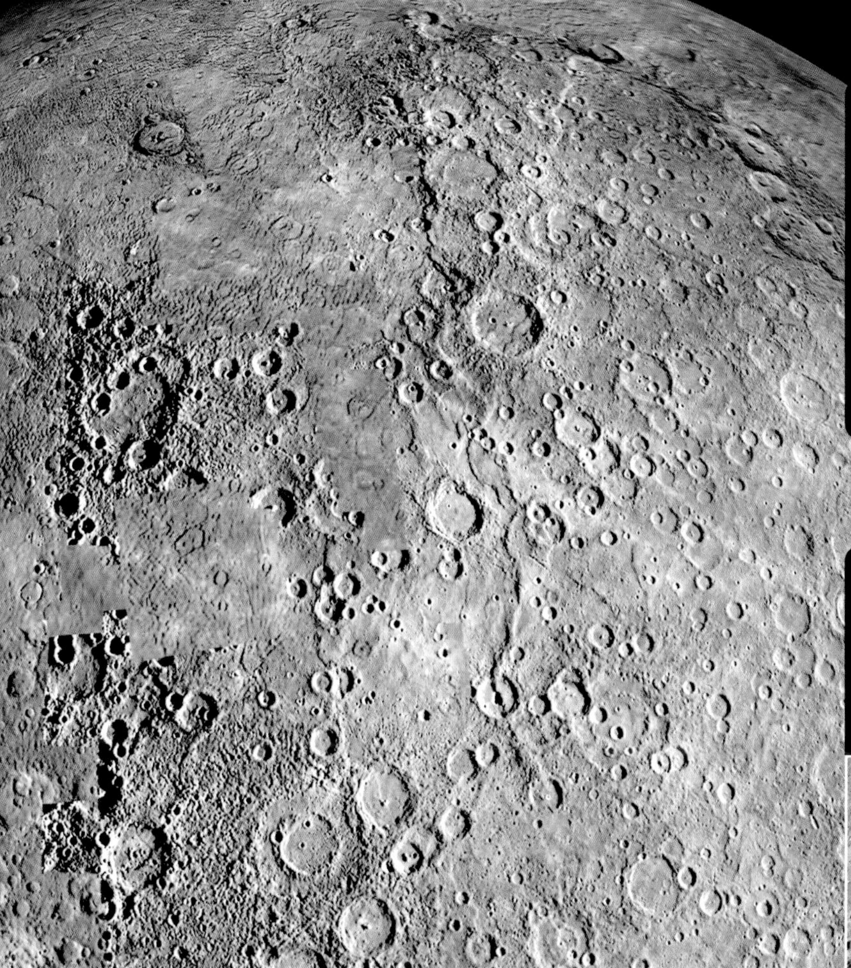

水星的自转轴

由于水星的转轴倾角非常小，所以它没有季节变化，温度也非常极端。白天，太阳光直射在水星的赤道，这时温度可以高达 427℃。

伦勃朗撞击坑

水星表面的伦勃朗撞击坑是由信使号探测器发现的。

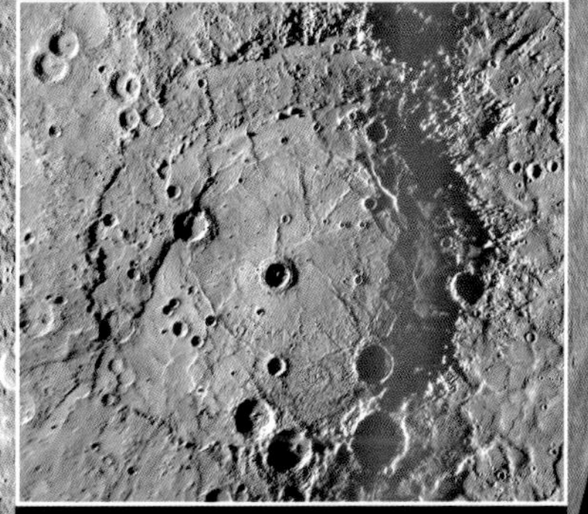

这个撞击坑位于水星南半球，直径达 720 千米。

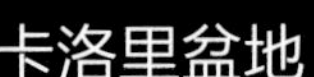

卡洛里盆地

卡洛里盆地直径为 1550 千米，几乎占了整个水星直径的 1/3。它是水星上所有撞击坑中最大的。它内部还有其他后来增加的撞击坑以及水星的最高峰——卡洛里山脉。

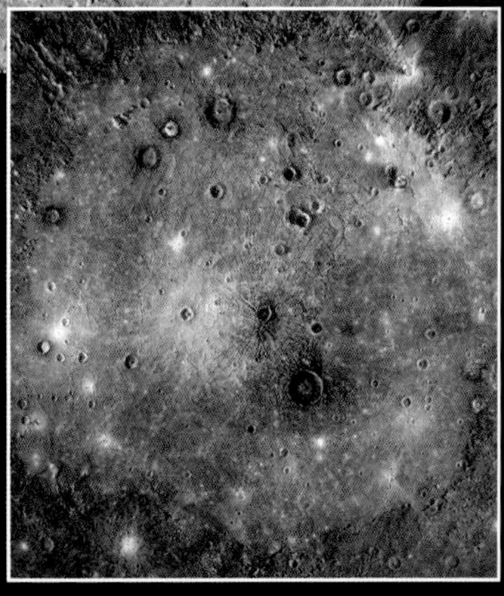

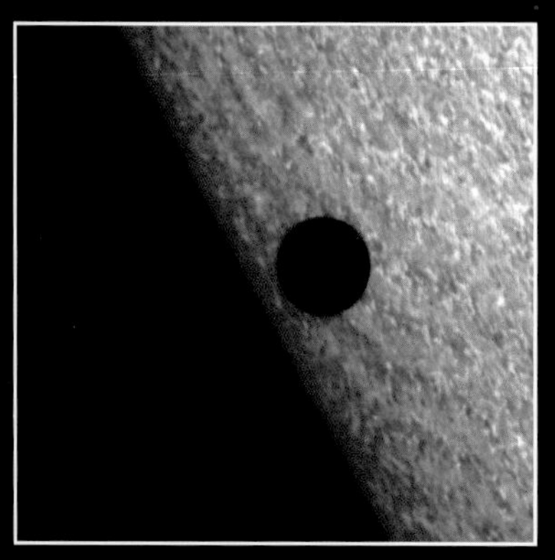

水星凌日

水星的轨道平面与地球的轨道平面之间有 7° 的倾角。这两个轨道平面之间的倾角使太阳、水星和地球在某个时刻有连成直线的可能。按上述排列顺序，我们在地球上可以观察到水星从太阳前面经过的场景。这个现象每 100 年中会于 5 月 8 日前后和 11 月 10 日前后发生大约 13 次，每两次可能间隔 3 年、7 年、10 年或 13 年。

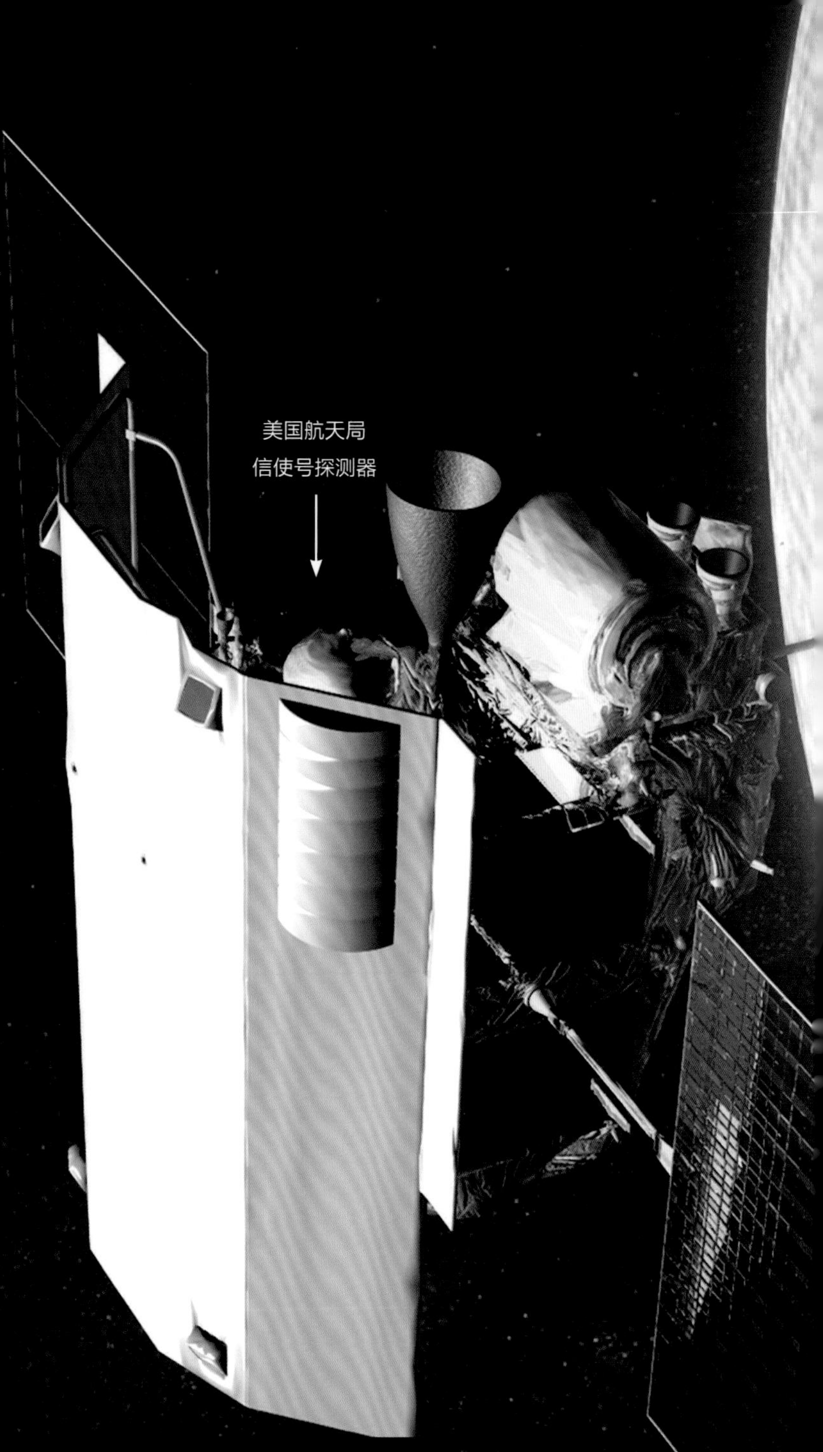

美国航天局
信使号探测器

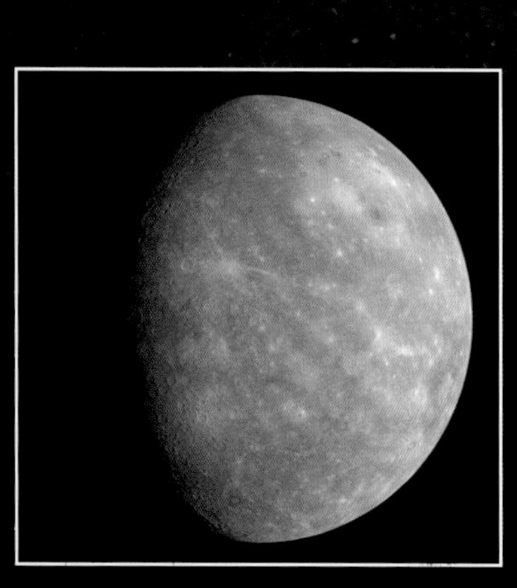

轨道共振

直到1965年，天文学界还一直认为水星对着太阳的总是同一半球，就像月球之于地球一样。但事实证明，这颗行星每公转两周（两水星年）只自转三圈（三水星日），这造成了一个不太寻常的自转和公转周期比——2:3。

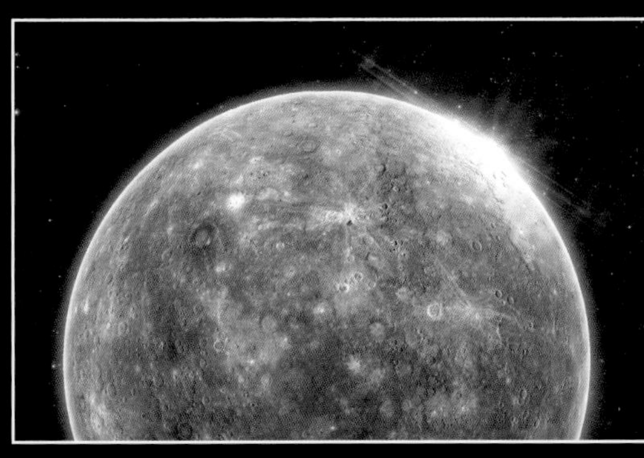

水星探索

1973 年第一个水星探测器——水手 10 号被发射。它成功完成三次水星表面的飞掠并拍摄了一万多张照片。同样，2004 年发射的信使号探测器对水星的表面和构成进行了研究。它的探索任务前后共持续了三年，不仅实现了飞掠以及绕行等探测工作，还搜集了大量的数据以及 25 万余张图像。它最重要的发现是水星极地区域存在冰。

充满挑战的水星之旅

对空间探测器来说，去往水星的路相比其他已经完成的太阳系内探索是最耗费燃料的。飞行器需要穿越地球和水星之间 9100 万千米的距离，而且途中必须要使用好几种推进方式以及不同的动力设备来变换飞行速度以摆脱太阳引力。由于水星没有大气来帮助接近它的探测器减速，探测器在进入环绕水星的轨道时也同样需要推进器来完成这一过程。

双日出

在水星的一些区域会发生一个有趣的现象，就是太阳升起到天空中的某个位置后停滞，进行一个旋转的动作，然后立刻后退，回到几乎是它开始的地方，然后再度日出。这种现象是由水星公转角速度的变化引起的。

金星

金星参数

直径：12104 千米
重力加速度：8.87 米 / 秒 ^{2}
自转周期：243 天
公转周期：225 天

金星是离太阳第二近的行星，它属于类地行星，因其有许多与地球相似的物理特征而被认为是地球的兄弟行星。两者的相似之处包括大小、质量以及构成，然而它们的大气和温度却截然不同。

金星的轨道是各大行星中最接近圆形的，离心率不超过 1%。它的自转速度非常慢，一个金星日相当于 243 个地球日，是各大行星中最长的，而它绕太阳旋转一周则需要 225 个地球日。不仅如此，它的自转方向呈顺时针，和其他行星相反。它的公转与自转周期几乎同步，这样的结果是，它对着地球的永远是同一面的侧脸。

金星有着坚固的、由铁和镍构成的核心，包裹在同样富含这两种金属的熔岩中。地幔占了整个行星的 1/3，由岩石构成。而地壳的主要成分是硅酸盐岩石，地表承受着巨大的大气压力。科学探测器从金星发回的地图数据显示，它是一颗到处是火山和撞击坑的星球。火山活动生成的岩浆和水混合产生了大量的花岗岩层，金星的表面就这样形成了。

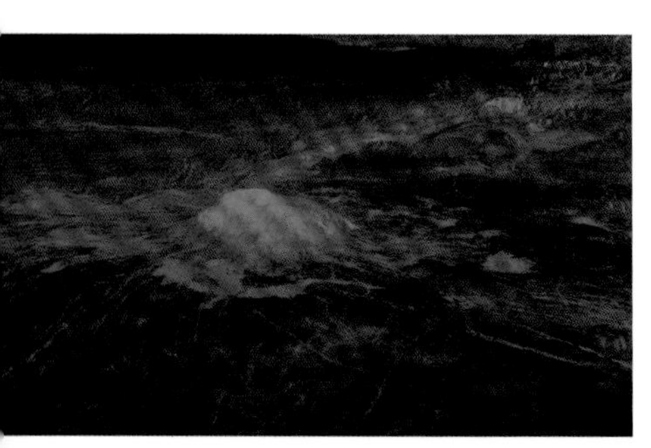

美国航天局麦哲伦号金星探测器拍摄的艾敦山顶峰。颜色较亮的区域代表倾斜陡峭的地形，较暗的代表平坦的地形。

不太温馨的行星

过去，金星被海洋包围，并有可能拥有一颗卫星；而今它成了太阳系最荒凉的行星之一。整个行星表面被一个厚度 80 千米、半密封、充满二氧化碳的大气层包围，大气层上部有 3 个不同的云层。在极地区域，随时刮起的飓风让上层的云飘散向地表各处。

虽然能透过这个厚重的大气层的太阳光只有不到 20%，但这却足以让金星的岩石表面热起来。岩层的热能再次进入大气层，受到大气层中气体的阻碍，无法散去。这样，整个星球长年处在一种温室效应下。金星是少数的几个能在白天从地球上肉眼可见的天体。当它在早上被看到时，也被称作“晨星”或“启明”，傍晚出现时则有“昏星”或“长庚”这样的别称。

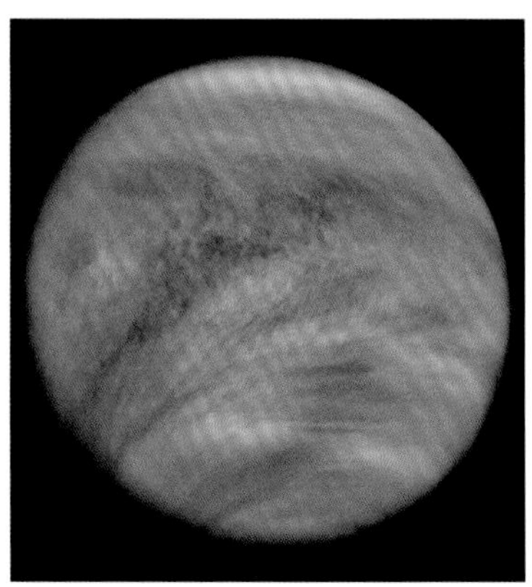

先驱者金星计划轨道器所拍摄的紫外线图像，显示了金星上的云层状态。

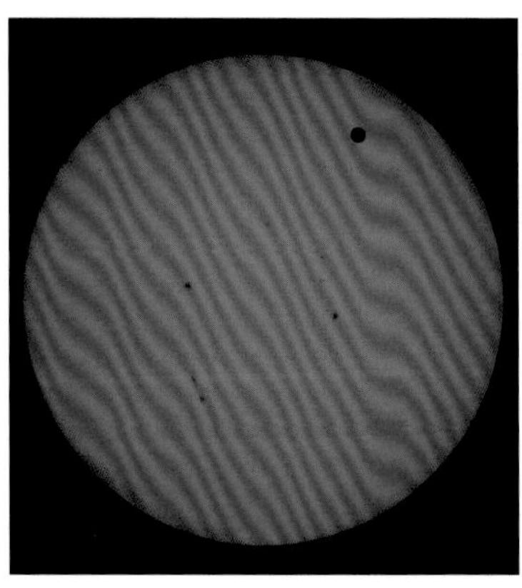

2012 年 6 月 5 日金星凌日景观。这一天文现象每 8 年于 6 月或 12 月发生一次。

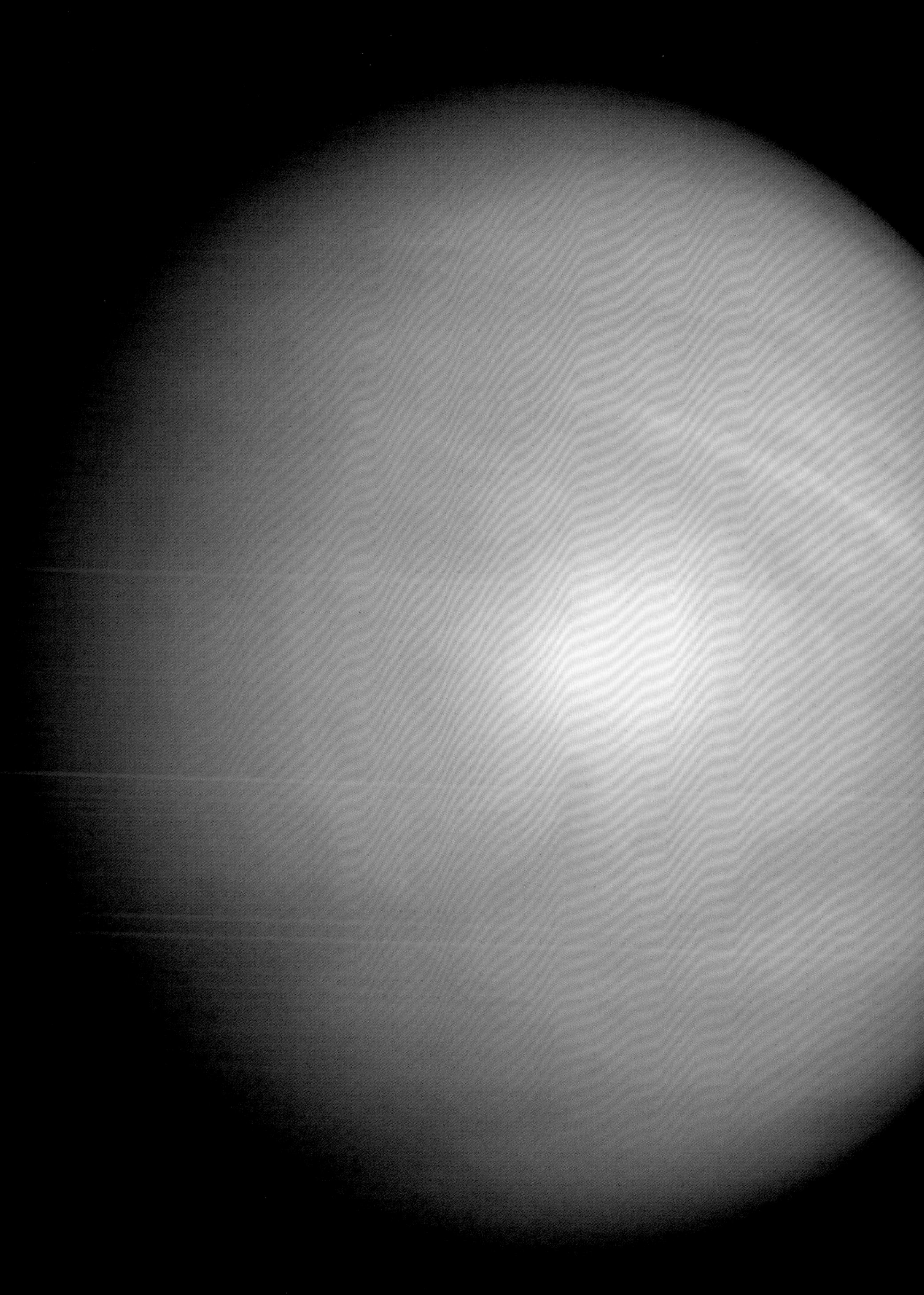

金星

金星是所有行星中的非典型代表之一。在它和地球相似的外表下，有着不计其数的与众不同，其中最特别的就是它独特的运转方式了。

大气

金星大气层的 96.5% 都是二氧化碳，只有 3.5% 为氮气和其他气体。因此，金星表面的大气压达到了地球表面大气压的 90 倍。这样的高气压给科学探测器在金星表面的着陆增加了难度。

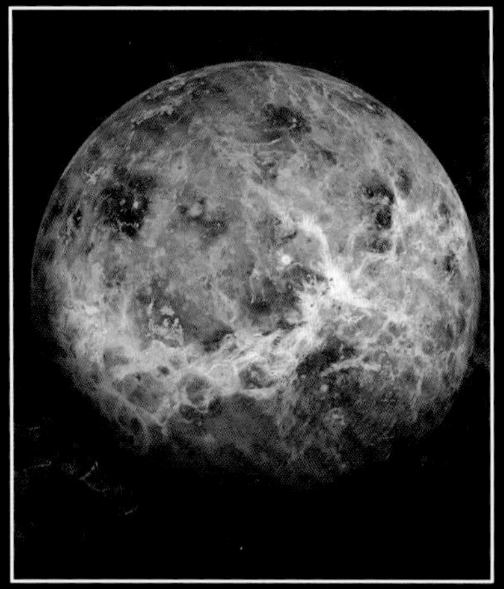

短暂的轨道变化周期

金星轨道很小的离心率让它每 8 年就回到原来的轨道位置。埃及人称此为天狼周。

无温差

有着平均 464℃的表面温度，金星是太阳系中除太阳之外最炎热的地方。不仅如此，金星的温度还保持稳定，不因昼夜、地区等因素而变化。

与太阳距离	108209475 千米
表面平均温度	464℃
质量	0.81（地球 =1）
体积	0.86（地球 =1）
密度	5.24 克 / 厘米 ^{3}
表面积	4.6×10^8 千米 ^{2}

启明星

金星是仅有的几个能在地球的白天期间肉眼可见的天体之一。

长过一年的一天

接近圆形的轨道，再加上它与太阳的接近程度以及它极慢的自转速度使金星遭遇了一个“悖论”，那就是它的一天（自转一圈的时间）要比它的一年（公转一周的时间）长。

地球最近的邻居

金星是距离地球最近的行星。1850 年 12 月 16 日，金星被测量到距地球只有史无前例的 3950 万千米，再次发生这个现象需等到 2101 年。

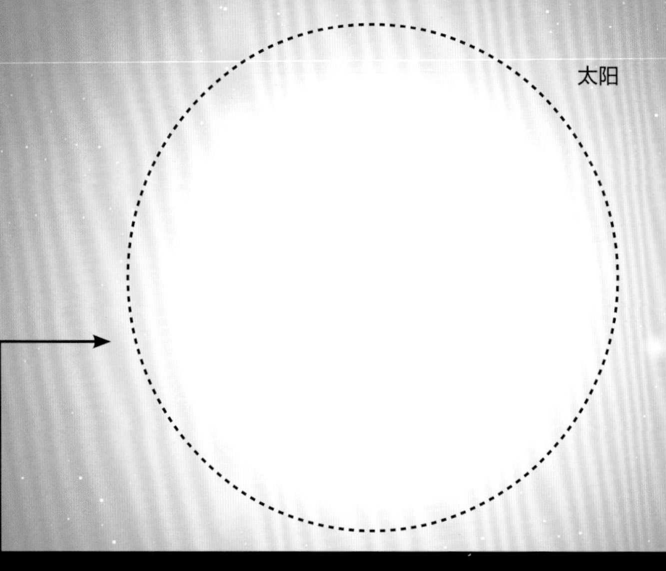

西边升起，东边落下的太阳

金星绕太阳运行的方向和其他行星相反。假设我们能透过浓厚的云层从金星表面看到太阳的话，那它会从西边出现，然后 116 个地球日过后，从东边落山。

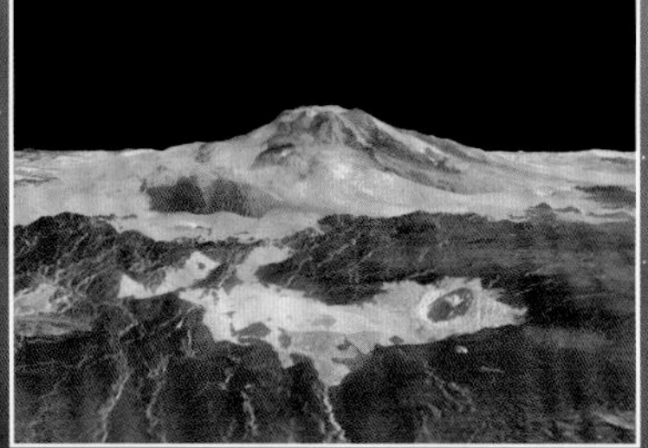

金星的水资源

金星和地球的相似程度让人不得不猜测它会不会也拥有大量的水资源。然而由于缺乏磁场和大气层的保护，太阳风直射金星表面，导致原本存在的水被蒸发。这样，金星成了一个干枯荒凉的，满是巨型岩石、山峰和悬崖绝壁的星球。

酸雨

覆盖金星的厚重云层中含有大量的二氧化硫和硫酸，因此，这个行星上有着持续不断的酸雨，而且经研究证明，这是整个太阳系中腐蚀性最强的酸雨。

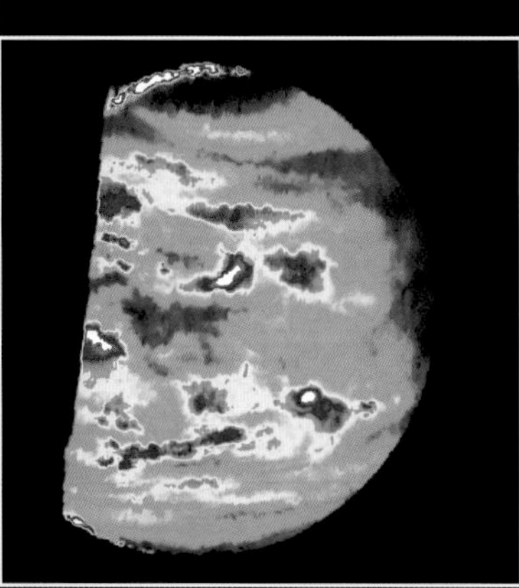

两颗行星？

从地球看去，金星只能在清晨和夜晚被观察到，中午没法寻到它的踪影。这个特殊之处困惑着古代的天文学家，让他们误以为看到的是两颗不同的行星。古希腊人称它们为福斯福洛斯和赫斯珀洛斯。

磁场

相对于体积和构成来说，金星只有一个异常微弱的磁场。这种异常是由它缓慢的自转速度造成的，这样很难让它核心的液态铁根据发电机理论产生磁场。

对金星的探索任务

金星与太阳的接近程度使它成为最热门的研究对象之一。第一个金星探测器于 1961 年发射。1974 年，水手 10 号探测器对金星的大气流动循环完成了录像。在之后的 20 年间，一系列金星探测器抵达这个行星以分析它的地理状况。从 2006 年开始，金星快车探测器开始对金星的大气层和表面特征等展开研究。

火 星

火星特征
直径：6792 千米
重力加速度：3.69 米 / 秒 ^{2}
自转周期：24 小时 37 分
公转周期：687 天

从古代就被熟知的火星，是太阳系的内行星中与太阳距离最远的一颗行星，它因其表面的主要成分——氧化铁呈现出红色而得名。它的两颗卫星，火卫一（福博斯）和火卫二（得摩斯）于 1877 年被发现。两者都有着非常接近火星的轨道，有科学家认为它们是被火星引力所捕获的两颗彗星。

火星的轨道离心率较大，为 0.093（地球只有 0.017），也因此，它的近日点和远日点之间可以相差 4200 万千米。火星完整地绕太阳运行一周需要 687 个地球日。它的自转周期为 24 小时 37 分，跟地球差不多。

火星的核心由固态铁构成。这个内核又被熔融状态的金属外核以及由硅酸盐岩石构成的地幔包围。而地幔的岩石来自于几百万年前的火山岩浆。

火星的风貌

火星的表面有着非常多变的地形风貌，比如类似地球荒漠的沙丘、南半球类似月球的撞击坑等。除此以外，火星还有已经干涸的水文遗迹，河流、湖泊以及水库、激流等都汇入一个巨大的平原。据推断，这里在 40 亿年前很有可能曾是一片汪洋。

火山占火星表面积的 10%，它们以特殊的方式集中在火星北半球，那里的塔尔西斯火山高原区域也是太阳系最高的火山——奥林帕斯山的所在之处。

火星的两极蕴藏大量的干冰，是大气层中二氧化碳冻结的产物。北极的永冻冰直径可达 100 千米，而厚度只有 10 米。南极的冰川则在温暖的季节以非常可观的规模缩小，科学探测器甚至两次记录到它在短期内完全消失的现象。

不够呼吸的大气层

火星的大气非常稀薄，大气压甚至比地球小 100 倍。这个大气层的 95.3% 为二氧化碳， 2.7% 为氮气， 1.6% 为氩气，剩下的为氧气等少量其他气体。由于没有电离层，火星的大气层并不能存留，只能一点点不断地向外太空流失。

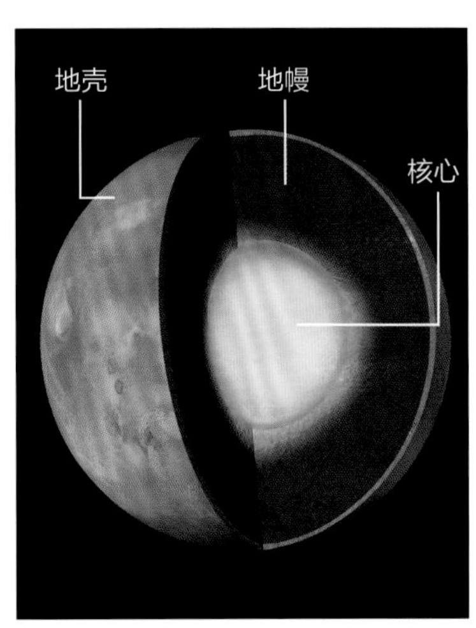

火星内部结构模拟图，包括直径为整个行星一半的固态铁球核心、不厚的地幔和非常薄的地壳。

气候和研究

火星有着复杂的气候。它表面的温度根据观测点所处的纬度不同而变化，并且由于大气层稀薄，无法保温，火星的昼夜温差明显。火星的赤道相对于轨道平面有所倾斜，也因此，这颗星球也有着和地球相似的四个不同的季节。

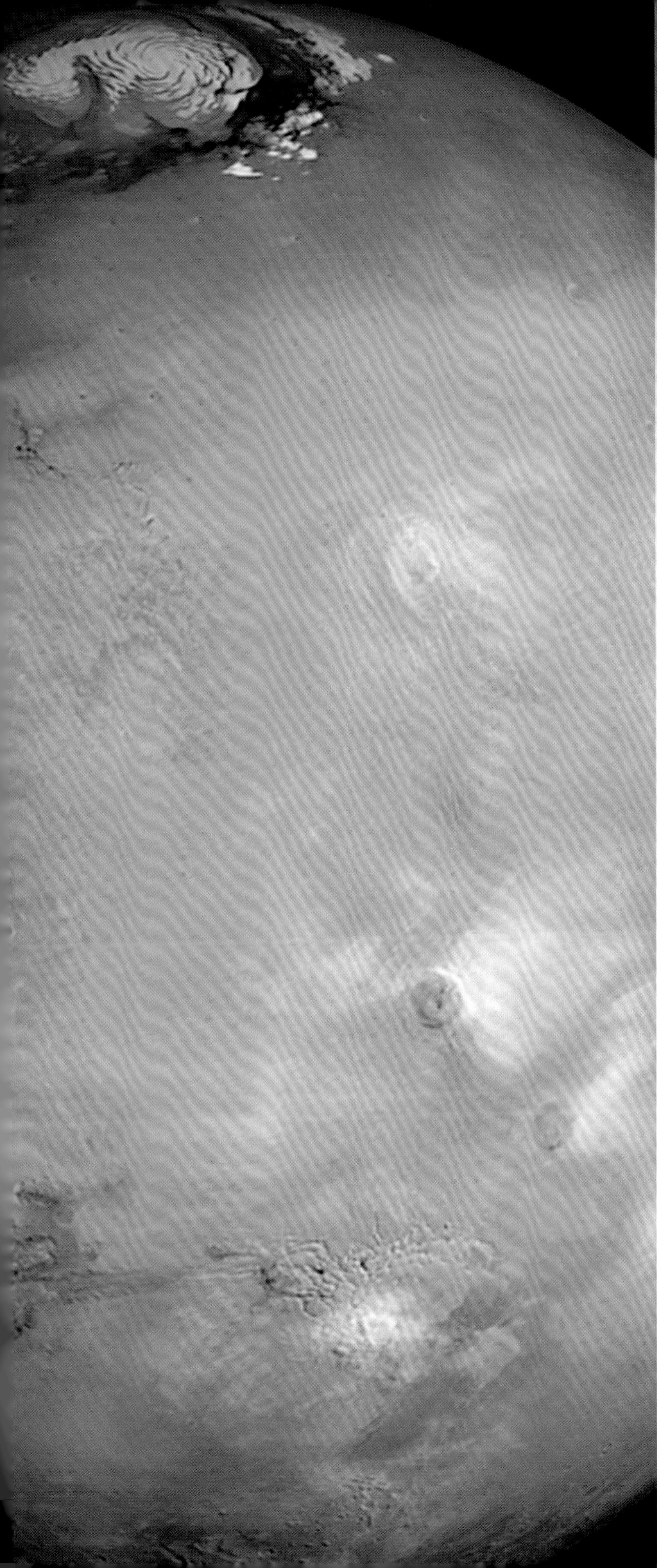

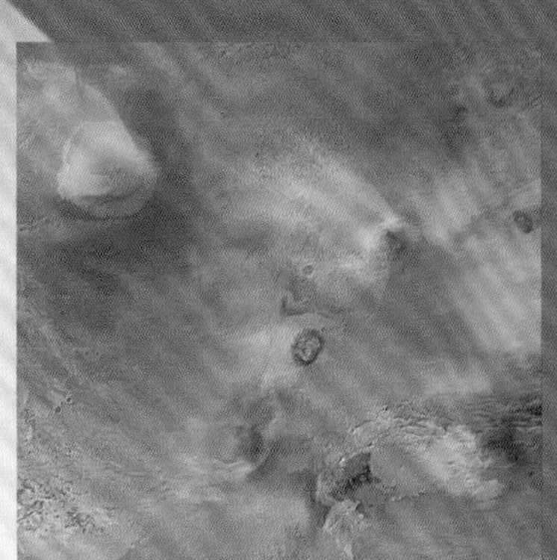

火星全球探勘者号所拍摄的塔尔西斯火山高原区域。左上角为奥林帕斯山所在地。每个灰色的斑都代表着一座火山和它上空蓝灰色的水冰蒸汽云。

海盗 1 号所拍摄的图像，显示了火星上稀薄的大气。

世界范围内的科学研究在火星上注入了很大的心血。1965 年的水手 4 号是第一个在火星附近成功向地球发回信息的探测器。随后，多个太空任务、空间探测器以及太空船都投入到了火星相关数据的搜集和分析工作中。美国航天局正在开展的一个项目就是一个非常具体的登陆火星的载人计划，这将会是人类第一次登陆除地球外的行星。

火星

火星作为一颗与地球有很多共同点的行星，让科学家尤为着迷，因为对火星现状的研究，相当于在探究地球的许多奥秘，比如大气、物理、地质的演化。

体积与面积

火星的直径约是地球的一半，但由于它没有海洋，其陆地面积与地球接近。

水手号峡谷

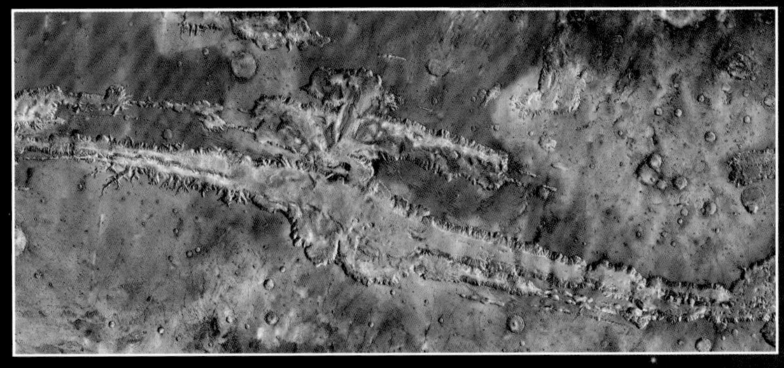

水手号峡谷位于火星的赤道位置，长 4000 千米，几个最宽处达 600 千米，被风化最严重的区域深达 8 千米。

温度

火星的温度依据不同的地点和时间而不同。微弱的大气和自转轴的倾角使温度在最高 20℃和最低 -130℃之间变动：前者为夏日白天赤道部位的温度，后者为冬日夜晚极地冰帽地区的温度。

与太阳距离	227943824 千米
表面平均温度	-63℃
质量	0.11（地球 =1）
体积	0.15（地球 =1）
密度	3.93 克 / 厘米 ^{3}
表面积	1.4×10^8 千米 ^{2}

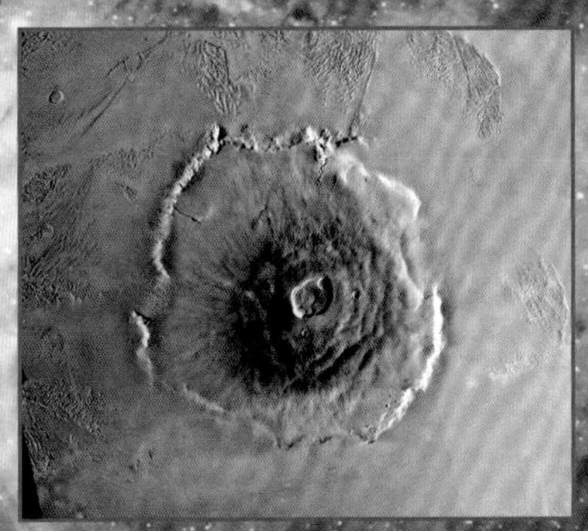

奥林帕斯山

太阳系最高的火山，高达 21 千米，底部宽达600千米以上。

与地球的距离

火星椭圆形的轨道使它与地球的距离变化范围颇大。2003 年，两个星球处在了 6 万年以来相互最近的距离，只有 5570 万千米。如此近的距离直到 2287 年才能重现。

臭氧层

火星拥有很薄的臭氧层。它处于火星地表上空 40 千米处，浓度只有地球臭氧层的千分之一，不足以隔离太阳发出的紫外线辐射。

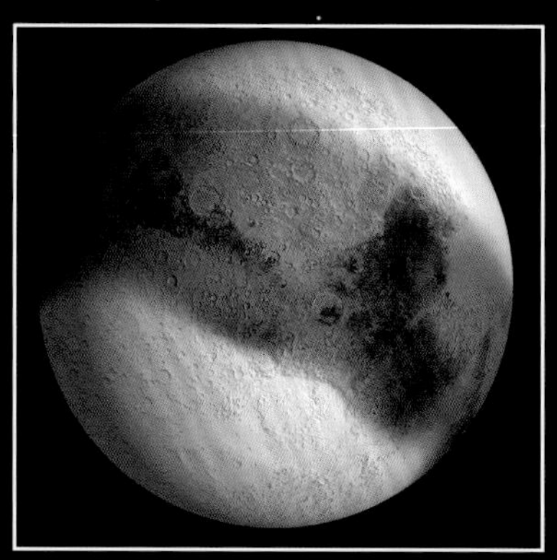

极地冰帽

火星的两极有大量的冰存在。北极的永冻冰直径达 100 千米，但厚度只有 10 米。永冻冰在冬季被蒙上了一层由大气中的水蒸气凝结而成的霜，从而使得北极冰帽慢慢扩大。火星北极的总冰量为格陵兰岛的一半。

火星上的水源

火星上存在一些疑似河流入海口的古老痕迹，它们都指向一个事实，那就是火星在几百万年前曾有过大量水源奔流在地表上。而且 36 亿年前的盖尔撞击坑区域有可能存在过一个淡水湖，并孕育过微生物生命。事实上，现在火星上仍然有水，只是以冰和蒸气的形式存在。

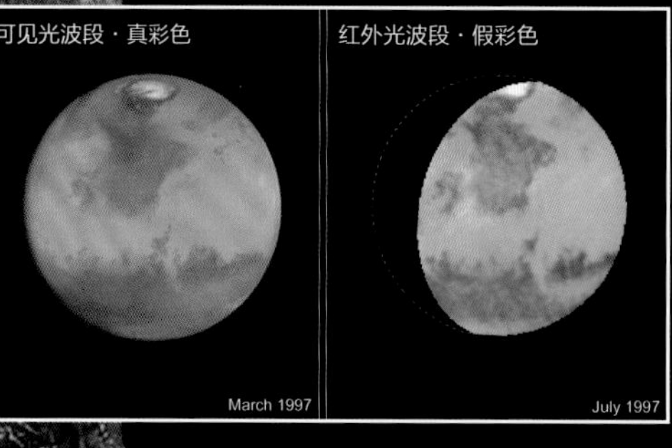

太空任务

轨道探测器

来自欧洲航天局和美国航天局的火星快车号、2001 火星奥德赛号以及火星勘测轨道飞行器在 21 世纪初到达火星。它们在这颗红色行星周围绕行，主要目的是寻找水源、研究气候和火星风暴。

最早的火星探测器

历史上第一个火星探测器于 1963 年到达火星，但是它没有能够发回任何信息。1965 年的水手 4 号则首次成功发回信息。而后在 20 世纪 70 年代还有几个探测器也曾到访火星。

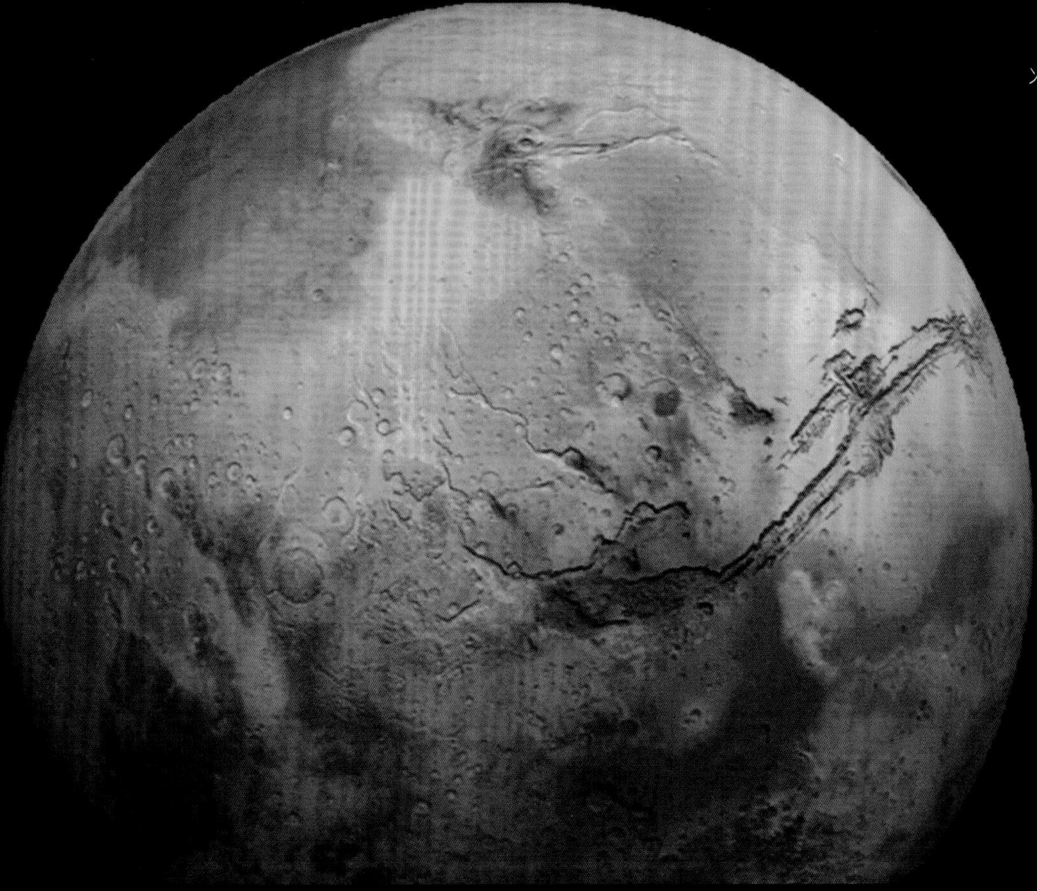

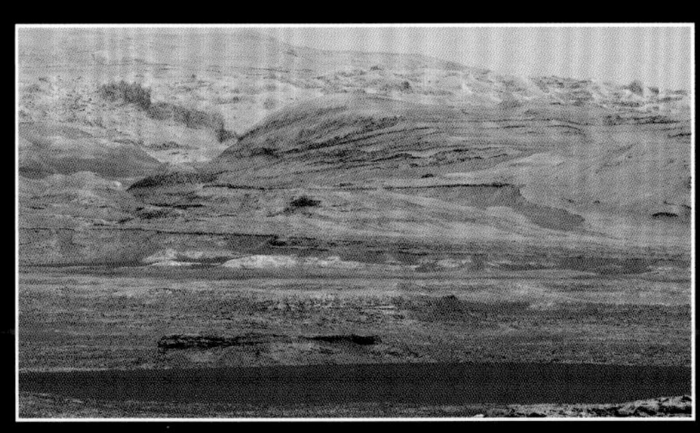

火星上的土丘

火星地表大范围的面积都布满土丘，这里狂野的风、稀薄的大气和较弱的重力导致尘土弥漫，形成荒漠。土丘在冬季会被冻结。有的大型土丘甚至比地球最大的土丘大 10 倍。

机器人装置

2008 年，凤凰号火星探测器在火星北极上空飞过。因搭载了机械臂，凤凰号得以勘察火星的冰层和地下。2012 年，世界上第一辆采用核动力驱动的火星漫游车——好奇号到访火星，目的是判断火星是否曾经存在过生命。此外，它还负责研究火星气候、勘探火星地理情况和分析载人火星任务的可能性。

火星有两颗卫星绕它运转，这两颗卫星得名于希腊神话中冷酷的战神之子：

- 火卫一（福博斯，象征惧怕）
- 火卫二（得摩斯，象征恐怖）

火卫一

于 1877 年被发现，是两颗卫星中较大的、离火星较近的一颗，可能是来自于小行星带上被火星引力吸引的天体。

火卫一的运行轨道距离火星地表只有 6000 千米。它的形状不规则，体积较小，平均直径只有 22.2 千米，几乎没有表面重力。由于距离火星很近，火星对它有着很强的引力，它也因此以每 100 年 20 米的速度接近火星。这样下去，3000 万年之后，它最终会撞向火星。

火卫一的主要成分是碳质球粒陨石，为多孔结构，内部可能有冰的存在。它的表面呈现严重撞击痕迹，另外，火星全球探勘者号的分析结果表明，它的表面还被一层 100 米厚的细颗粒土壤所覆盖。

直径	22.2 千米
与火星距离	9377 千米

火卫一飞翔的碎片

如今，对火卫一构成成分的探索仍在进行中，原因是科学家怀疑划过太阳系的凯顿陨石原本是火卫一在斯蒂克尼陨石坑形成时的撞击中掉出来的碎片。

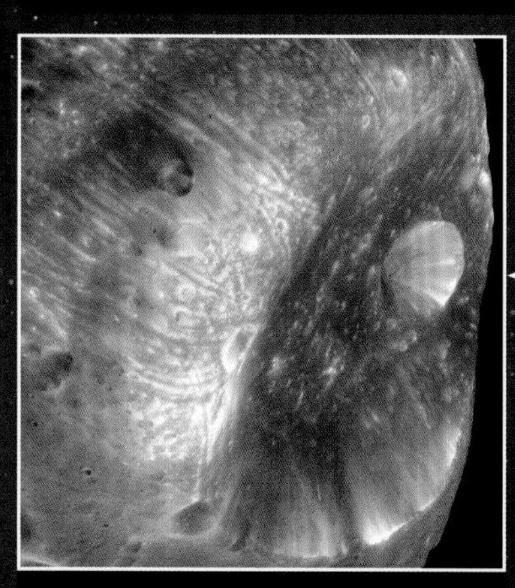

斯蒂克尼陨石坑

火卫一上最大的撞击坑，直径 9 千米，占据了火卫一大部分面积。之后的另一次陨石撞击在它内部形成了一个直径 2 千米的更小的坑。斯蒂克尼陨石坑可以从火星表面用肉眼直接观测到。

两次绕行

火卫一离火星太近，绕行速度太快，以至于它每天两次出现在火星上空。从西边出现，到东边消失需 4 小时，然后 10 小时之后，在同一天内再次出现，重复同样的路径。

火卫一

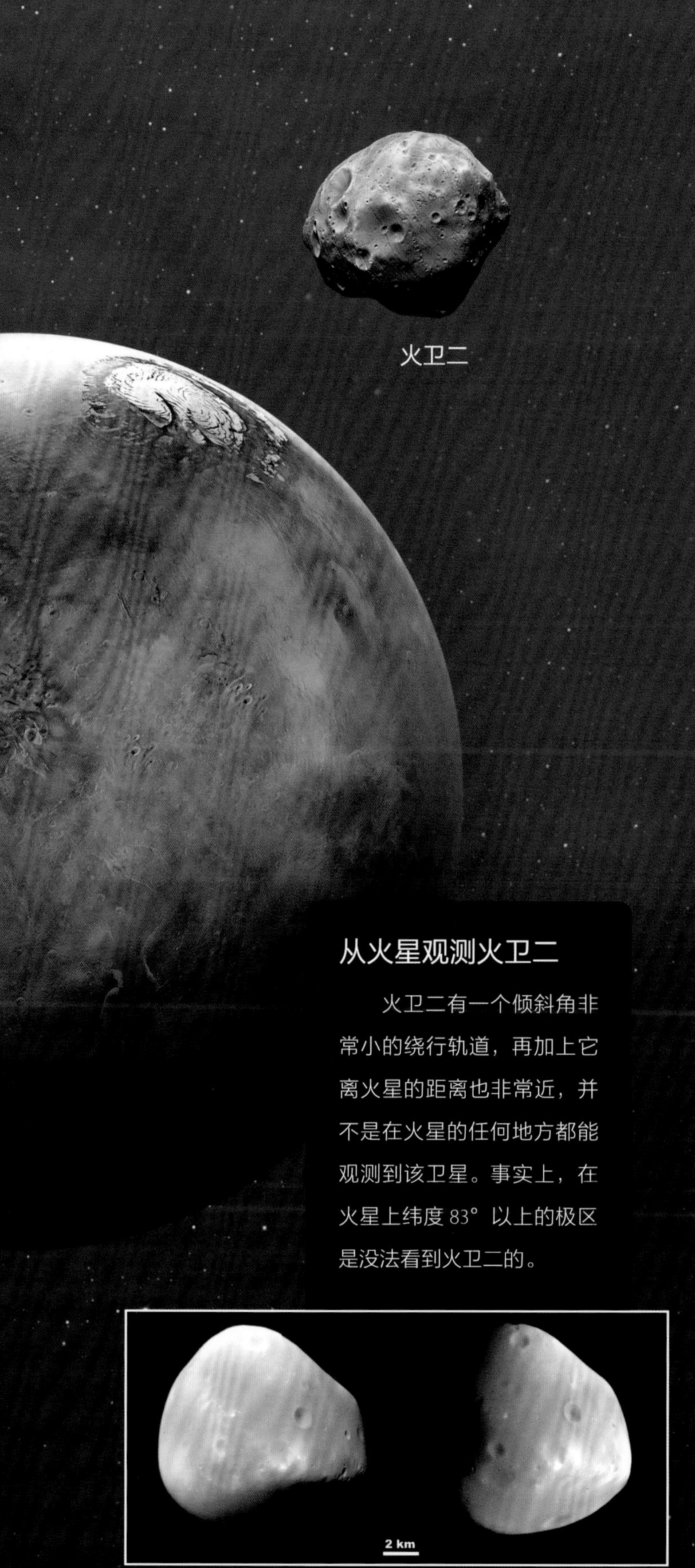

从火星观测火卫二

火卫二有一个倾斜角非常小的绕行轨道，再加上它离火星的距离也非常近，并不是在火星的任何地方都能观测到该卫星。事实上，在火星上纬度 83° 以上的极区是没法看到火卫二的。

火卫二

于1877年与火卫一一同被发现，为两颗卫星中较小的、离火星较远的一颗。它被认为是一个轨迹因木星引力而改变的小行星，在偏离原来的轨迹后，进入了火星的引力范围。

火卫二体积非常小，平均直径仅12.6千米。另外，它的形状也很不规则。它由含碳量较高的岩石构成，不同于火卫一的是，它的表面由于表岩屑的覆盖，要平滑许多。

火卫二绕行火星一周需要 30 小时 18 分，比火星自转一圈的时间还要长。如此一来，对火星赤道上的观测者来说，火卫二从升起到落下需要 2.7 天。

有趣的是，早在 18 世纪，乔纳森 · 斯威夫特就在《格列佛游记》中写道，拉普塔国的人认为火星周围有两颗卫星的存在。无独有偶，伏尔泰在他 1752 年的作品《微型巨人》中也提到了火星的两颗卫星。为纪念这两位作家，火卫二的两个主要的撞击坑被命名为斯威夫特坑和伏尔泰坑。

直径	12.6 千米
与火星距离	23460 千米

小行星带

小行星带参数
质量：3.6×10^{21} 千克
平均温度：−106℃
与太阳距离：3.15 亿 ~4.80 亿千米

小行星带是位于火星轨道和木星轨道之间的一个宽阔的区域，这里容纳了数百万颗小行星，也充当了内太阳系和外太阳系的天然分割线。

天文学家原来以为小行星带上的小行星来自某颗行星，它要么是被彗星撞碎，要么在内部发生了目前还无法解释的爆炸。但在今天，所有的数据都指向一个可能，那就是这些小行星是太阳系诞生时的残留物，它们原本注定要互相结合成一颗新的行星。这一带原来所有的残留物加起来，完全够形成一颗质量与地球相当的行星，但木星的快速形成和它的强大引力对这些小行星的运动施加了干扰，让它们的轨道变得更无序、更不稳定。结果是，这些天体没有相互结合，而是开始相互碰撞，它们形成新行星的可能性也被中断。

据估计，小行星的数目达几百万颗，如今我们所知的小行星有几十万颗。其中体积最大的分别是：谷神星（现在被划分为矮行星）、智神星、灶神星、健神星和婚神星。以上这几颗小行星占有小行星带内一半的质量。尽管如此，小行星带的总质量仅有月球的 4% 或地球的 0.05%。

柯克伍德空隙

小行星带上虽然有数百万颗小行星，但因为这个空间区域太过广阔，所以在一场太空之旅中遇到一颗小行星的概率是非常低的。小行星带中也存在一些没有天体分部的区域，我们把它们叫作柯克伍德空隙。这些空隙的形成要归因于木星，它的轨道共振现象在小行星带中开辟出了广阔的空间。

碰撞

小行星们并没有圆形的轨道，它们的轨道相互交织造成了大量的碰撞，同时产生天体破碎和物质分离。因为这些碰撞，小行星带的质量是它刚刚形成时的千分之一。直径大于 10 千米的小行星平均每 1000 万年会互相碰撞一次。碰撞引起的后果是：在每个瞬间，大体积小行星的数目都在减少，而小体积小行星的数目都在加倍增长。

小行星与地球

在木星引力的影响下，小行星的轨道变得更像椭圆形。它们更分散的轨迹导致其中有些小行星被其他行星的引力所困，包括我们的地球。天文学家认为，半径大于 150 米的天体若处在离地球相当于地月距离 20 倍的位置，它对地球就是有危险性的。而其余的小行星对我们的地球来说，其实是没有任何影响的。

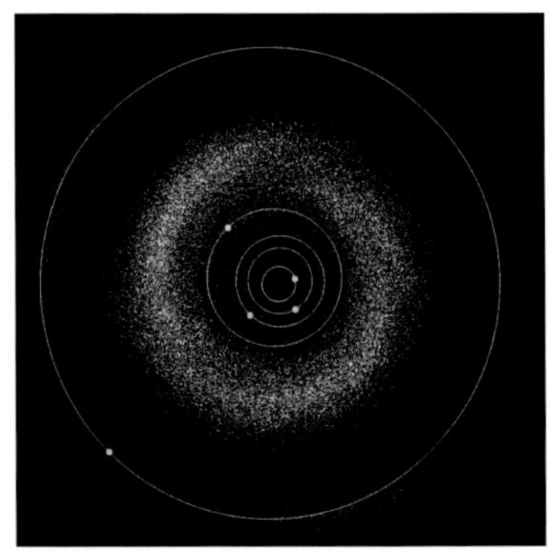

太阳系中内行星和小行星带视图。木星以内的行星和它们的轨道为橘色。小行星则以颜色为区分：白色的是分布在小行星带上的，绿色的为带外小行星和特洛伊小行星。

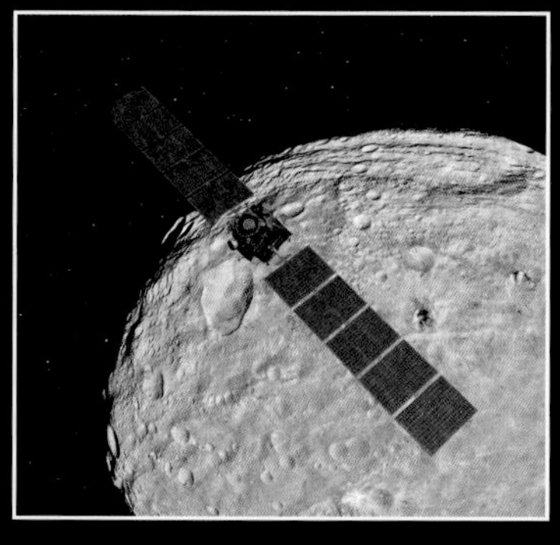

美国航天局黎明号小行星探测器围绕大体积小行星灶神星运行的模拟图。模拟图以黎明号拍摄的真实图片为基础。

大体积小行星有：

婚神星

直径：239 千米，质量：2.7×10^{19} 千克。

健神星

直径：407 千米，质量：9.3×10^{19} 千克。

灶神星

直径：530 千米，质量：2.6×10^{20} 千克。

智神星

直径：545 千米，质量：2.2×10^{20} 千克。

木星

木星是太阳系内最大的行星，也是太阳系中除太阳之外最大的天体。它的质量几乎是其他行星质量总和的 2.5 倍，位于小行星带之外的外太阳系区域，属于气态巨行星。

木星参数

直径：142984 千米
重力加速度：24.79 米 / 秒^{2}
自转周期：9 小时 55 分
公转周期：11.9 年

木星的形成方式到现在还不得而知。科学家在这个问题上持两种观点：第一种认为木星起源于一个大密度铁核，它不断吸引着其他行星及其周围的气体，直到它达到现在的体积和形状。第二种理论则倾向于认为木星和恒星一样，由一次引力坍缩生成。这两种观点都没能为木星的一些关键特点给出令人满意的解释，比如它巨大的体积，或者它的大气层中存在稀有气体。

木星有一个致密的岩石核心，接着往外是一层液态金属氢。最外层则是一个非常巨大的大气层，其中 90% 是氢气，剩下的 10% 几乎都是氦气。该行星外观呈现出非常奇异的景象，就像大理石表面的纹路。其实，这些斑斓的色彩是它大气层中的气体所产生的效果。各种不同密度、体积、成分的云因为自身每种成分的温差而昼夜不停地飘移。这种飘移加上木星的自转，就导致了不同成分各自凝结为颜色各异的不同云层。显现出淡灰色的大气上部的云层，很有可能由氨冰组成。同时还可以观察到红赭色是因为有些云层中含有一定比例的磷和硫。

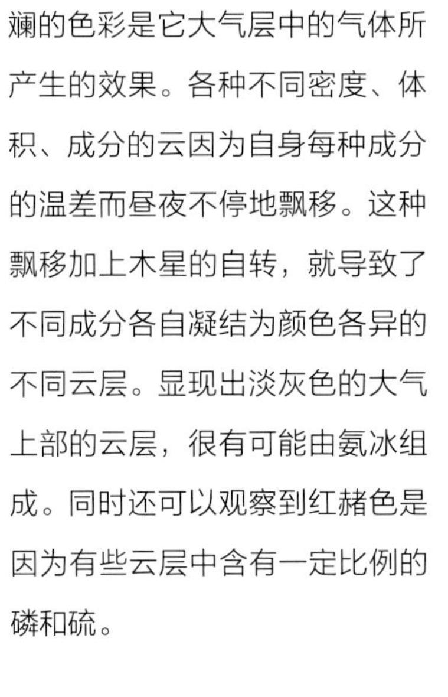

木星的轨道呈椭圆形，近日点和远日点有 7600 万千米的差距。它完整绕轨道一周花费的时间是 11.9 年。

然而，木星有着大于太阳系所有其他行星的自转速度：自转一圈所用的时间不到 10 小时。这种快速的自转造成的离心力将它的赤道区域向外推，使得它的赤道半径要比极半径多出近 7%。高速的自转、行星内部的热能、太阳辐射和木星大气风一同造就了木星上强烈的大气湍流，而大气云层的结构则赋予了木星特别的外观。

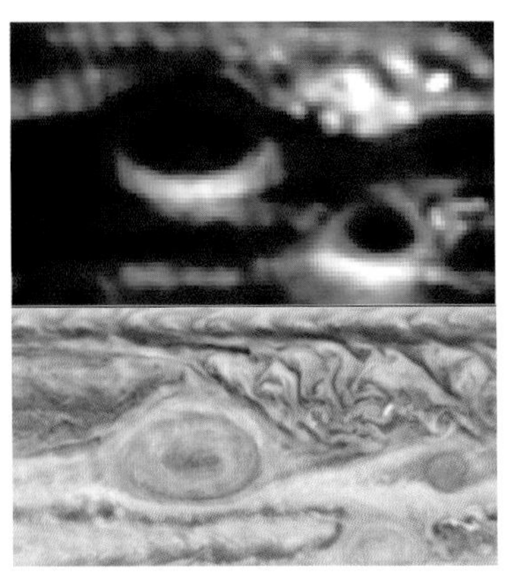

热成像仪显示的木星热气旋涡以及木星大红斑附近最寒冷的区域。

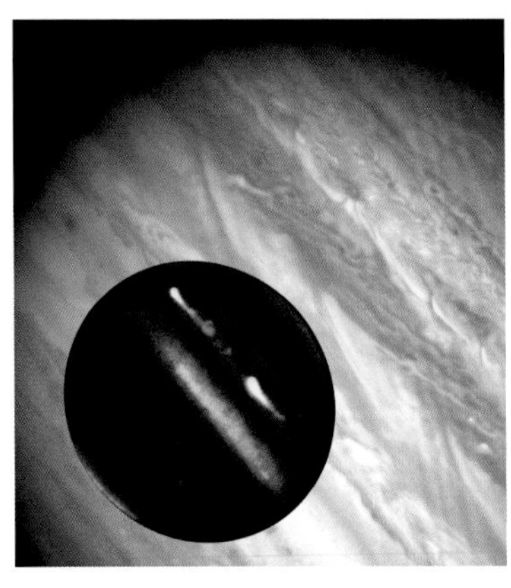

红外摄影呈现的两个木星风暴在大气层爆发的细节图。图片由美国航天局红外望远镜摄于 2007 年。

木星 360° 旋转过程的九张图片，通过它们可以观赏到其云层的变化。

木星凭借自身的体积和质量，可称为行星之王。它的影响力从太阳系其他天体如卫星、彗星、奥尔特云、行星等处皆可见一斑：上百万个天体的形成过程都与这个巨行星的引力有着密切联系——没有东西能逃过它的掌控。

木星被观测到的拥有大理石条纹图案的外观其实是大气层上层造成的。

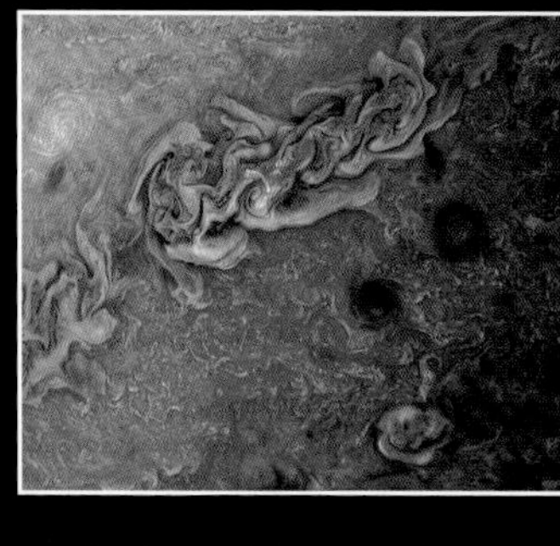

但这一派祥和的表象下其实隐藏着极端的大气湍流，这些湍流足以使木星表面 90% 的区域长期处在不稳定的风暴变化中。

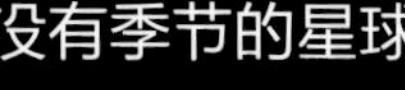

没有季节的星球

木星的自转轴只有 3.1° 的倾角，在这样微小的倾角下，南北半球到太阳的距离差不多，如此一来，木星便缺少季节变化。

与太阳距离	778340821 千米
表面平均温度	−108℃
质量	317.83（地球 =1）
体积	1321（地球 =1）
密度	1.33 克 / 厘米 ^{3}
表面积	6.14×10^{10} 千米 ^{2}

质量和体积

木星的质量约为地球的 318 倍，它的体积更是可以在内部容纳超过 1300 个地球。

木星的卫星

木星目前共有79颗已知的卫星。所有的这些木星的天然卫星都以罗马神话的众神之王朱庇特（或对应的希腊神话中的宙斯）的情人或后代的名字命名（木星的英文名为Jupiter，即朱庇特）。

木星核心

木星越往内部，气压、密度和温度越高。因此，木星大气层的气体处在一种渐渐从外层气体变为内部半液体的过程中。木星的核心质量约为地球总质量的15倍。

木星上的云

木星大气层中的云朵持续不停地上升与下降，在特定的温度下云朵彼此凝结成团。因为重量不同，每个云团在大气层中停留的高度各不相同：上层云团为氨气，而下层云团为水蒸气。

一些科学家认为木星曾经差点就成为一颗恒星了。要是它诞生时再大上那么一些，它内部的氢就会转化为氦，也就会开始核反应，巨大的能量也会产生光和热。假设如此，太阳系就会有两颗恒星：太阳和木星。要达成这样的假设，木星当时还需要额外增加 80% 的质量以及 30% 的体积。

大红斑

木星表面被观察到的一个泛红色块被命名为大红斑。它曾被认为是一座山、一个高原或一个地貌起伏，但当木星被证明拥有一个气体表面时，大红斑被发现原来是一个大小和颜色随着时间而变化的巨大的反气旋风暴。2017 年，大红斑的体积为地球的 1.3 倍。

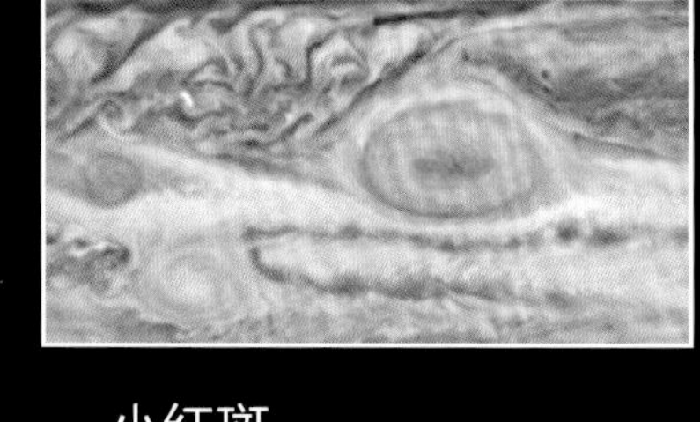

小红斑

小红斑于 2005 年被发现，大小约为大红斑的一半。它其实是 90 年前出现在木星表面上的三个卵形白色风暴合并而成的新风暴。

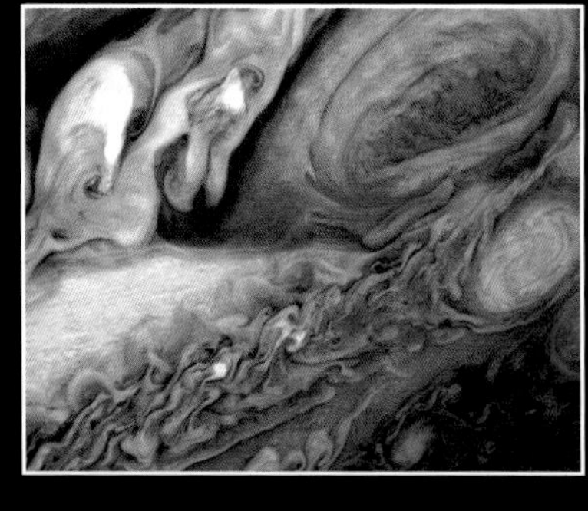

木星环

木星被包围在一个由宇宙尘埃组成的纤薄的行星环中。主环宽 7000 千米，仅 30 千米厚。最里面环面形状的内晕被称为“晕环”，刚好起始于木星大气层结束的地方。两个宽阔的“薄纱环”叫作阿马尔塞和底比斯，它们分别由同名的木卫五和木卫十四的尘埃构成。

木星探索

在以往的太空任务中，已经有 9 个探测器掠过木星上空了。最初的几个包括 1973 年的先驱者 10 号和 1974 年的先驱者 11 号。1979 年的旅行者 1 号和 2 号探测器都对木星及其卫星进行了详尽的研究。1995 年的伽利略号是首个成功环木星轨道运行的探测器，并于 2003 年完成任务之前，已发回 14000 多张关于这颗巨大的星球及其卫星的高分辨率照片。尤利西斯号、卡西尼－惠更斯号以及新视野号探测器也都成功飞掠过木星。最后，朱诺号木星探测器（如图所示）从 2016 年开始正在不断地向地球发回大量的新鲜数据。

闪电和球状闪电

木星上的风暴还会伴随比地球上猛烈和耀眼几百倍的闪电。空间探测器拍摄到了这些大气现象。这时我们发现，闪电发生之后，还会出现新的含水云层。

木星的卫星大家庭成员多达 79 个，但是在这里我们要了解其中最重要的 4 颗。它们在 1610 年就被伽利略观测到，因此被称为“伽利略卫星”。它们是：

- 木卫一（艾奥）
- 木卫二（欧罗巴）
- 木卫三（盖尼米德）
- 木卫四（卡里斯托）

木卫一

直径为3600千米的木卫一（艾奥）在木星卫星中体积排第三，也是太阳系中火山最活跃的天体。不同于地球火山，木卫一的火山会排出大量的二氧化硫，喷发高度可达 300 千米，还会在 500 千米的高处生成甚至可以扩散到外太空的硫和二氧化硫云。木卫一由丰富的硅酸盐岩石和铁构成。它的核心成分是铁和硫，半径为 900 千米。其内部和外部的硫含量都很高。木卫一的地表特征多变，由于地表的极度张力，形成了无数的山峰，其中一些山峰比珠穆朗玛峰还要高。木卫一上被观测到的还有一些破火山口和大型熔岩湖。

直径	3600 千米
与木星距离	421600 千米

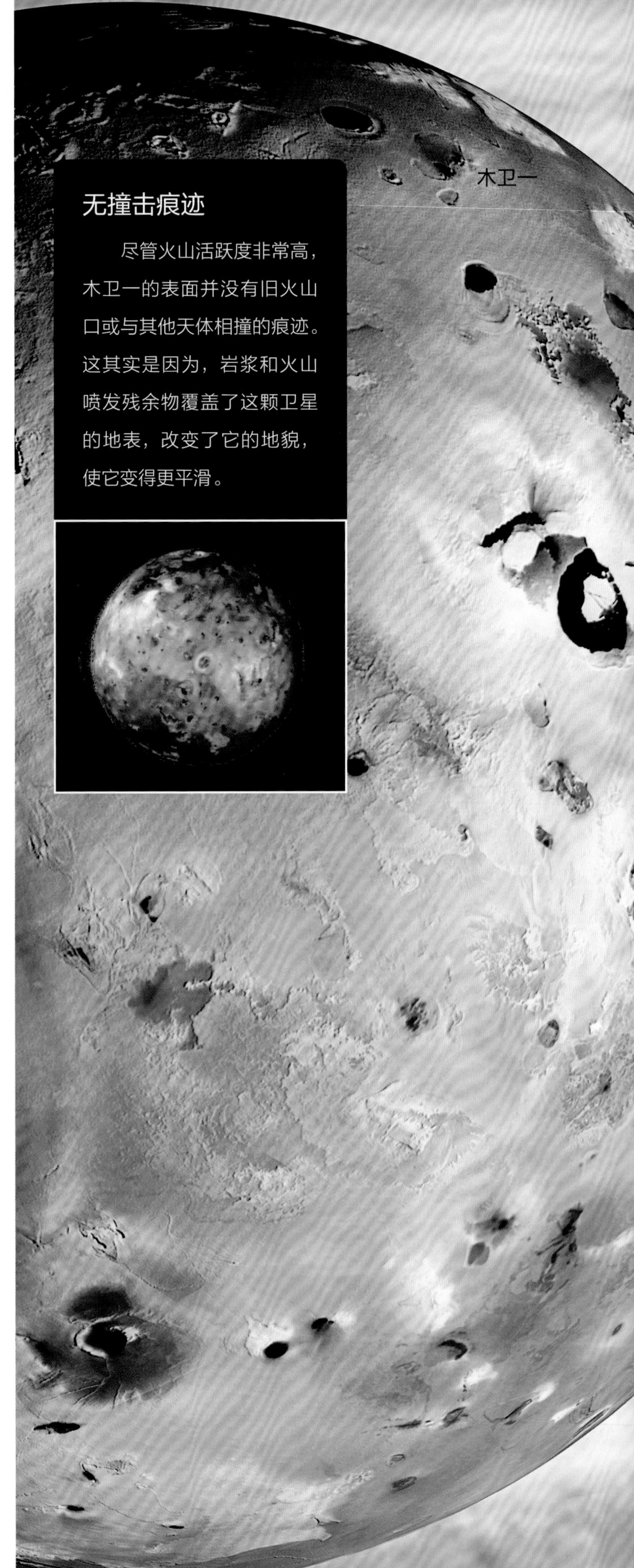

无撞击痕迹

尽管火山活跃度非常高，木卫一的表面并没有旧火山口或与其他天体相撞的痕迹。这其实是因为，岩浆和火山喷发残余物覆盖了这颗卫星的地表，改变了它的地貌，使它变得更平滑。

木星

太空火山爆发

木卫一火山的喷发力与它本身微弱的引力造成火山喷发物质越过大气形成外泄，在轨道周围留下一条光尾。这些喷发物被木星的磁场困住，并与木星外层大气相撞。

无意中的天文贡献

在 17 和 18 世纪对木卫一的观测验证了哥白尼的日心说和开普勒定律的正确性。1676 年，丹麦天文学家罗默根据木卫一的观测数据，首次算出光速的较精准数值。

木卫一的大量成分都源于硫元素，而硫元素在以不同化合物形式存在的情况下呈现出的不同颜色，让木卫一也变得多彩。

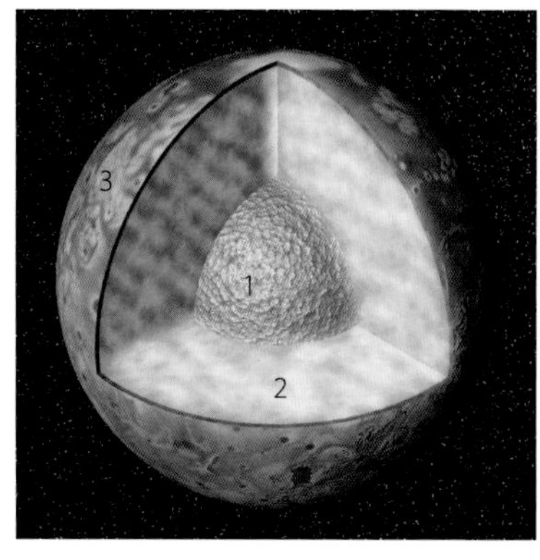

木卫一内部结构猜想图：最里面是铁和硫组成的核心（灰色）；第二层为熔化的硅酸盐；地表（褐色）为一层很薄的硅酸盐岩石。

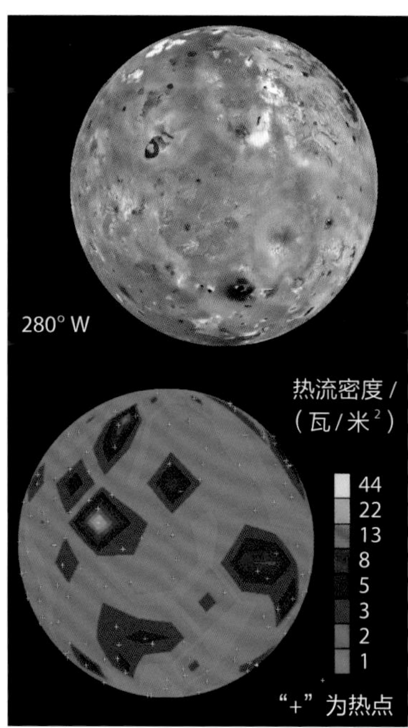

木卫一火山热辐射地图。

木卫二

木卫二（欧罗巴）是伽利略所发现的木星四大卫星中最小的一颗。它的体积略小于月球，但仍是太阳系第六大卫星。它的内部结构为一个铁的金属核心外加包裹着核心的岩石地幔。地幔和地表中夹着厚度为 100 千米的海洋，海洋冰冻的外层形成了该卫星表面，属全太阳系最光滑的外壳之一。

木卫二没有大规模的山脉和撞击坑，被发现的直径大于 5 千米的撞击坑仅三个。研究推测木卫二的表面冰层厚到足以遮盖它的主要地貌形态。

木卫二在太阳系中显得与众不同，是因为它和地球一样，有着板块构造的地理活动。

它的大气也很稀薄，并含氧。与地球不同的是，它的氧不是来源于生物，而很可能是带电粒子的撞击和太阳的紫外线照射使木卫二表面冰层中的部分水分子分解成氢气和氧气。氢气随后脱离稀薄的大气，只剩下氧气在大气中留存。

直径	3122 千米
与木星距离	670900 千米

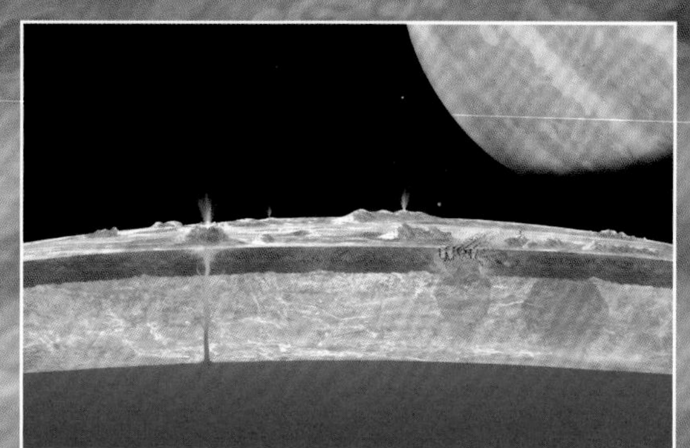

木卫二的羽流

羽状喷流是木卫二地下海洋由于木星对其牵引力引起潮汐而激烈喷发出水蒸气的一种地理和大气现象。羽状喷流发生在木卫二离木星最远的地点时，喷发高度可以达到 200 千米，足以被科学探测器观测到。

木卫二上的生命

大量水的存在，加上比地球有些海域还高的含氧量，不得不让人畅想木卫二上会不会有生命存在。这些被探测到的重要参数可能孕育的不仅仅是微生物，甚至可能是高级的生命。

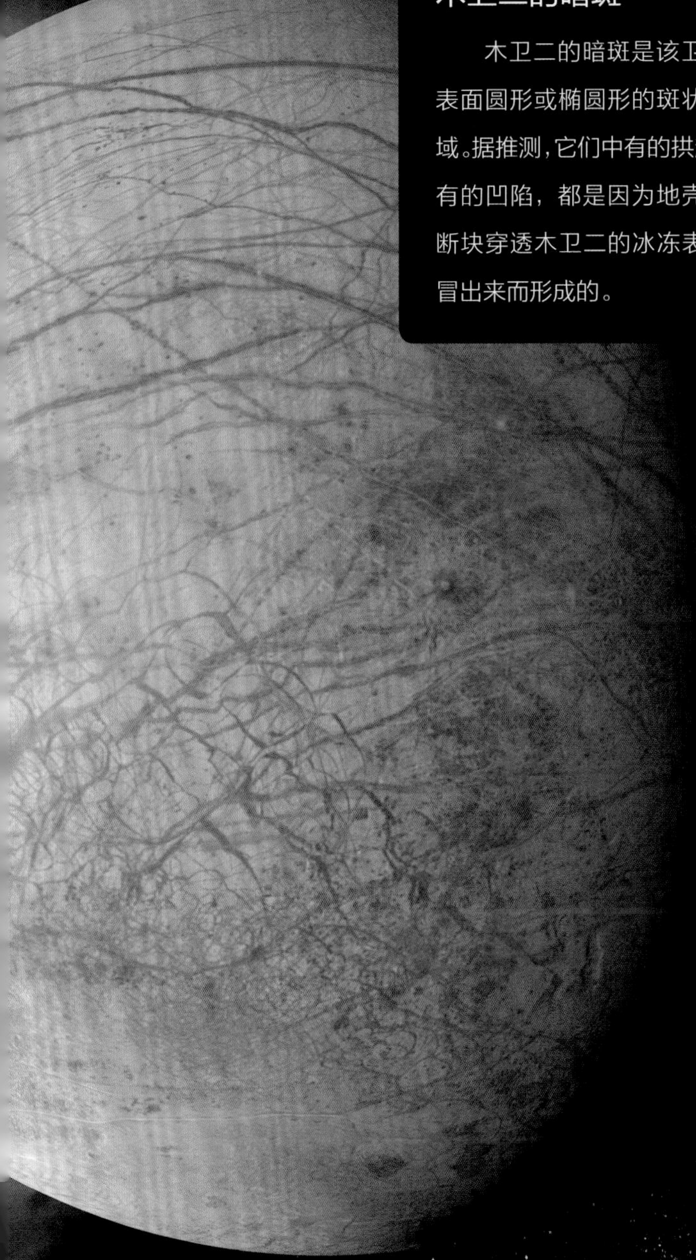

木卫二的暗斑

木卫二的暗斑是该卫星表面圆形或椭圆形的斑状区域。据推测，它们中有的拱起，有的凹陷，都是因为地壳小断块穿透木卫二的冰冻表面冒出来而形成的。

木卫二的轨道离心率非常小，非常接近正圆。自转一圈与公转一周一样，只需大概 3.5 天的时间。它的外表以纵横交错的纹路为特色，这些纹路极有可能是水柱喷发或间歇泉产生的。

欧洲航天局的木星冰月探测器项目计划在 2022 年左右开启对木卫二的探索任务。同样，美国航天局的木卫二飞越任务预计于 2025 年发射任务探测器。

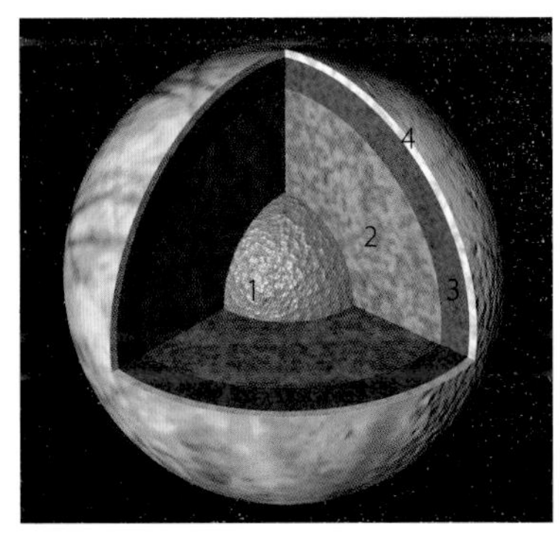

木卫二截面构想图。灰色部分为铁和镍组成的核心，它由一层岩石包围，显示为棕色。同时，这层岩石被一层蓝色和白色所包裹，这两种颜色分别代表液态水和冰层（地下海洋和厚度达 10 千米的冰质表层）。

防止微生物污染

为判断木卫二上是否曾经存在或仍存在生物，该卫星注定要被最大限度地研究。但为了防止可能沾染在伽利略号探测器上的地球微生物对木卫二造成污染，伽利略号在结束任务后并没有被抛弃在绕行卫星的轨道上，而是被设定撞向木星来避免它最后掉落到木卫二上与它进行直接接触。

木卫三

木卫三（盖尼米德）是伽利略发现的木星卫星中体积最大的，同时它也是木星乃至整个太阳系最大的卫星。它的体积比水星还要大，但质量只有水星的 1/2。在伽利略四大卫星中，它离木星的距离第三远。木卫三是从一个围绕木星的气体与尘埃盘开始慢慢吸积长大的，跟木卫四的形成过程相比，只用了木卫四 1/10 的时间。

木卫三由硅酸盐岩石和冰体以几乎同等比例构成。它有一个由铁和硫组成的金属核心，外面是岩石地幔和冰冻的地壳。20 世纪 90 年代，伽利略号探测器确认了木卫三的两个冰层之间有海洋的存在。它的表面非对称，由两种类型的地形混合而成。一种是空间探测器所拍摄的图片中比较暗淡的区域，被认为是较古老的地质，看起来被严重侵蚀风化，布满大型撞击坑。另一区域在图片上则更明亮一些，地质也相对年轻，上面有穿透地表的深深的沟壑和与其他天体相撞留下的同心圆痕迹。

木卫三的大气层稀薄到几乎无法被探测，主要成分是氧气。它的运转

直径	5262 千米
与木星距离	1070400 千米

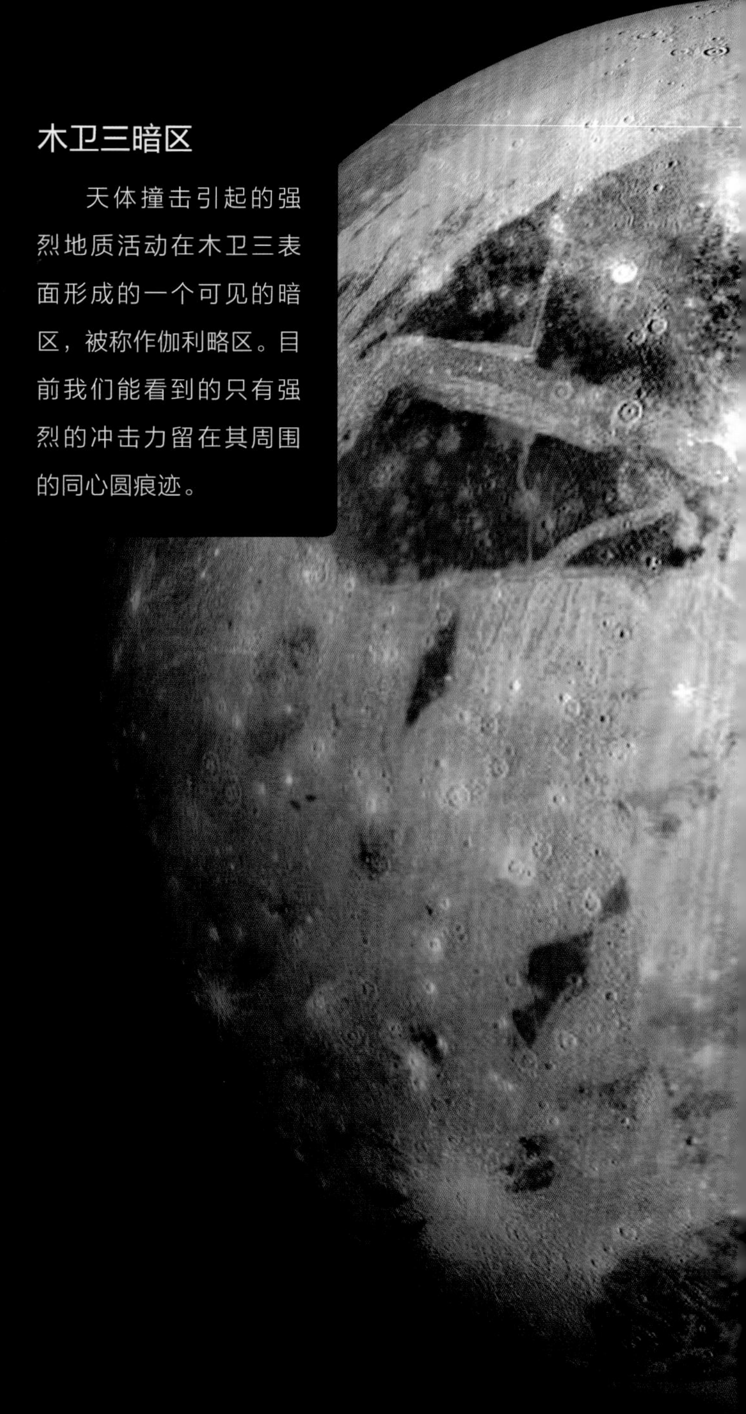

木卫三暗区

天体撞击引起的强烈地质活动在木卫三表面形成的一个可见的暗区，被称作伽利略区。目前我们能看到的只有强烈的冲击力留在其周围的同心圆痕迹。

极地冰帽

极地冰帽由冰构成，一直延伸到木卫三的南北纬 40°。而保护木卫三不受外界辐射影响的磁场在两极地区比在其他地区弱得多，因此在这些区域粒子更容易入侵，两个冰帽都受到了外部粒子的轰炸。

卫星的轨道共振

木卫三、木卫二和木卫一围绕木星运转的轨道形成轨道共振：木卫三每绕木星公转一周的时间里，木卫二正好公转两周，木卫一则是四周，且它们两两之间都有上合现象。但由于轨道共振的复杂性，三个卫星同时出现上合现象是不会发生的。像这样发生在三个或三个以上天体之间，且有简单整数比的轨道共振被称为拉普拉斯共振。

与木星同步，在行星的潮汐锁定下，自转所用的时间和公转所用的时间相同。于是木卫三面向木星的也永远是同一面。木卫三上的一天相当于 7 个地球日。

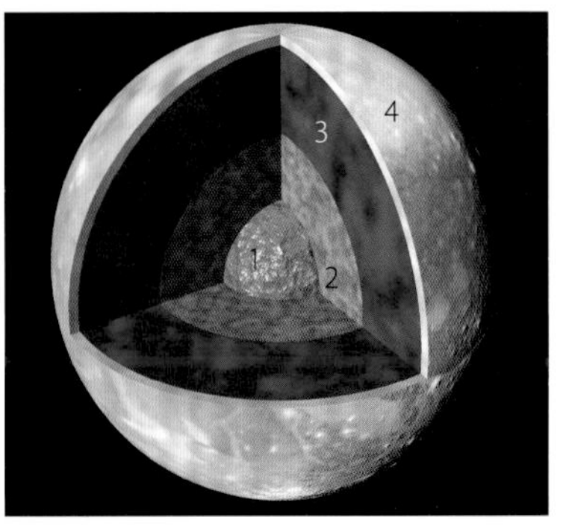

上图为木卫三的四层内部结构：最里面是铁和硫组成的核心，往外是岩石和冰，然后是另一层坚硬的冰层加上同样是冰和岩石构成的外壳。

左下图为美国航天局旅行者 1 号、2 号和伽利略号获取的木卫三的照片拼接图，右下的地质图在左下图的基础上制成。

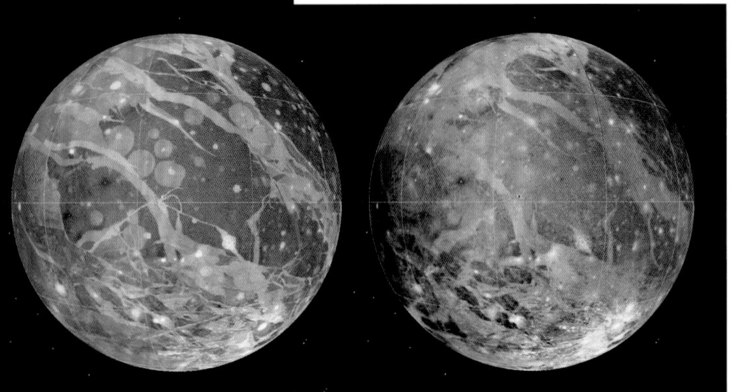

木卫四

木卫四（卡里斯托）是太阳系第三大卫星，体积接近水星，但质量只有水星的 1/3。

它的组成几乎是球粒陨石硅酸盐（陨石最典型的岩石成分）和水冰等量共存。另外科学家还在木卫四上发现了氨等其他元素组成的冰。它的核心构成还不得而知，但研究倾向于认为是一个小体积岩石核心，而且在岩石圈和核心之间，有一个厚度为 200 千米的冰冻的咸水海洋。

木卫四的卫星轨道与木星有不小的距离，达 180 万千米。这样一来，本因木星引力造成的轨道共振也几乎不存在。该卫星是一颗同步自转卫星，自转一圈和绕轨道一周所用时间相同。也因为这种同步，木卫四永远以同一侧面面对木星。木卫四的一天相当于 16.7 个地球日。

木卫四的表面破旧残败，是太阳系撞击坑最多的天体之一。所有的凹

直径	4820 千米
与木星距离	1882700 千米

遍布陨石撞击坑

木卫四的表面布满了陨石撞击坑，原因是它没有火山，也就没有火山岩浆来填补凹陷。这样，每次撞击都会在这颗卫星表面上留下痕迹。撞击坑的数量极多，以至于一个新的中等大小的天体与木卫四相撞都无法在不触及原有撞击坑的前提下留下新的痕迹。

太空移民

美国航天局于 2003 年开启了命名为 H.O.P.E 的外太阳系行星探索计划。木卫四因具备了低辐射、无火山和地震等特点，为人类移民第一步提供了良好条件。它可能成为我们进一步对太阳系边界探索的根据地，能够为一些从木卫四发射到其他木星卫星的太空任务器供应燃料。

陷都是由其他天体的外部撞击造成的。该卫星上既没有火山，也没有板块构造或大型的山脉。它的地形简单，仅由外部撞击而形成。这些撞击坑的直径小到 100 米，也就是探测器能勘探到的最小尺寸，大到 100 千米。即便如此，由于频繁的撞击，在它表面还可以看到平原、小山或其他的地貌形态。

木卫四的大气层由二氧化碳和一小部分氧气构成，非常稀薄，粒子脱离大气只需要 4 天时间。目前科学家们正努力想弄明白的是在二氧化碳陆续脱离的情况下木卫四是如何补充大气并能保持大气层稳定的。

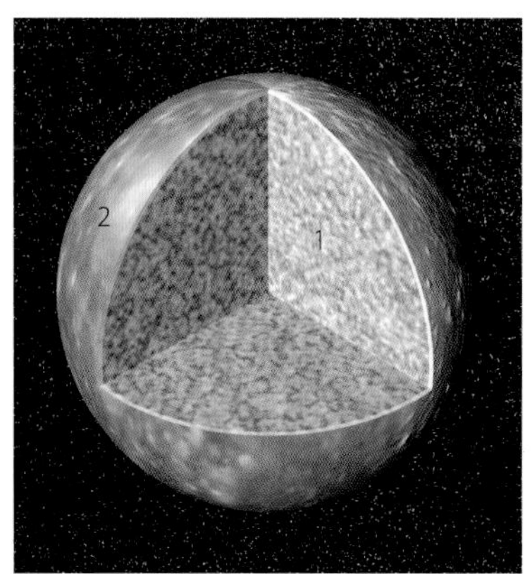

图为木卫四内部结构的猜想图。其核心有可能由冰和岩石组成，地壳成分也相同，只是比例有所差异。模拟图上的木卫四表面由旅行者号探测器于 1979 年获取的图像拼接合成。

地表的圆圈

木卫四表面有大量的撞击坑，对于直径在 25~100 千米之间的撞击坑，其中央山峰为塌陷地形，它们被周围表面上一个个同心圆圈住。这种奇特的多环结构是由每次撞击时木卫四表面变形而形成的。

土星

土星参数
直径：120536 千米
重力加速度：10.44 米 / 秒 ^{2}
自转周期：10 小时 33 分
公转周期：29 年

凭借广为人知的土星环，土星是太阳系中最容易被辨认的行星。它的行星环系统于 1610 年被伽利略首次观测到，虽然当时被当成了土星周围的一系列卫星。

土星主要由元素周期表上最轻的两种元素构成：93% 的氢和 5% 的氦，除此之外，还检测到非常少量的甲烷、水蒸气和氨气。和木星一样，它的气体结构逐渐回缩，越往内部走，越多的成分由气体转变为液体。由于压力的作用，它内部由一层液态金属氢和少量氦构成。土星的核心成分为岩石和冰，体积与它的整体体积相比是非常小的。土星的大气层则囊括了行星外方圆 30000 千米的空间，由氢和氦以及少量的其他元素构成，其中包括使土星外观颜色泛黄的甲烷。空间探测器检测到了土星大气中速度达 450 米 / 秒的高速气流，这些气流能引起强烈的风暴。

美国航天局的卡西尼号探测器在 2013 年 10 月 10 日为土星拍摄了 36 张图像，在此基础上合成了上图所示的土星和其行星环系统的视图。

土星绕太阳运转的轨道略显椭圆，公转周期为 29 年。然而它的自转速度相当快，自转一圈只需要 10.5 小时左右。高速自转产生的强大离心力使它的外观形状呈现出赤道突出、两极扁平的特点，赤道半径比极半径宽出了 10%。

在太阳系 4 颗最大行星的行星环中，土星环系统是最为复杂和宽广的。它由一系列的光环组成，并且光环之间还存在空隙。能被识别的光环共有 7 个，都由字母命名，而它们之间的环隙则由科学家的名字命名。这些光环位于土星赤道的上空，在 6630~120700 千米的高度间展开。

卡西尼号探测器为我们展示的土星北极的六边形景观。一片橙色的云层中的红点表示的是一处飓风。蓝色区域为土星环。

土星环其实是由尘埃和冰的杂质构成的，这些物体从弹丸大小到长达一米不等。并不是所有的光环密度都相同，最显眼的是被命名为 A 环和 B 环的两个主环。值得一提的是，土星的某些卫星就处在光环区内。

随着科技的发展，望远镜和空间探测器的分辨率和成像质量都大幅度提高，我们对土星更迷人的细节得以进一步了解：它被许多行星环和一个卫星大家庭重重包围。

与太阳距离	1426666422 千米
表面平均温度	−202℃
质量	95（地球 =1）
体积	764（地球 =1）
密度	0.7 克 / 厘米 ^{3}
表面积	$4.3x10^{10}$ 千米 ^{2}

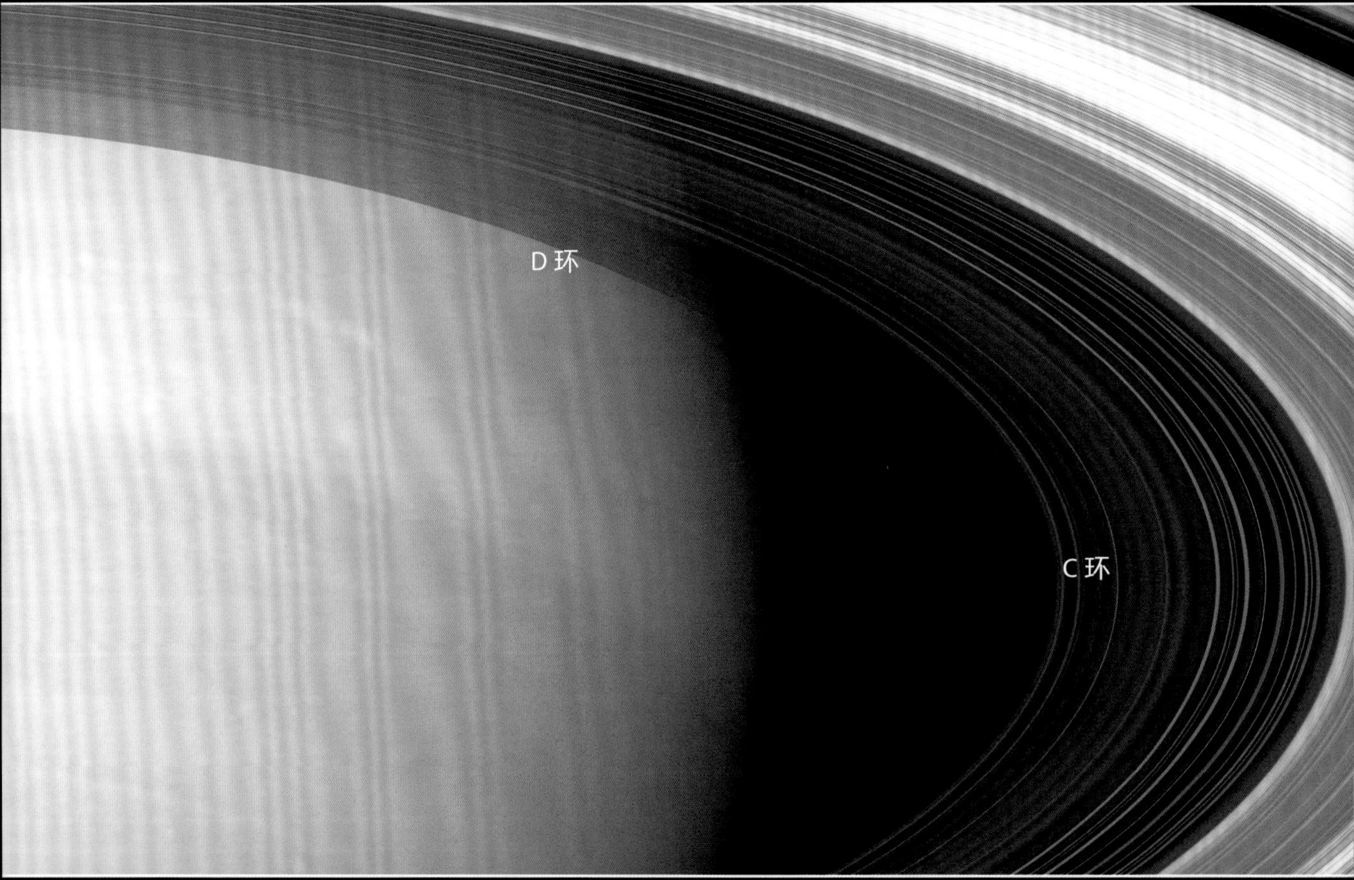

D 环：此环是距离土星最近的土星环，也因为本身比较纤细模糊，很难与大气层区分。

C 环：此环开始于距离土星中心 74400 千米的位置，包括科隆博环缝与麦克斯韦环缝，是一个暗淡的、宽度在 50~350 千米的光环。

B 环：开始于离土星中心 92000 千米的位置，内部还有一个厚度很大的副环，呈现出多变的密度和光度。

卡西尼环缝：宽度约 5000 千米，在 A 环与 B 环之间将两者分开，以它的发现者——乔凡尼 · 卡西尼命名。

密度

土星是太阳系中唯一一个密度低于水的行星（水的密度为 1 克 / 厘米^3）。

体积和质量

虽然土星的体积是地球的 764 倍，但气体形态使它的质量仅为地球的 95 倍。

火与冰

尽管土星的核心由岩石和冰构成，但是据估算，这里的温度高达 15000℃，是太阳表面平均温度的三倍。

大风暴

2010 年，卡西尼号见证了土星上的一个持续了 200 多天的大风暴。它生成的时候宽度为 5000 千米，然后一直增大到地球大小的八倍。

固态光环

400 多年前土星环第一次被观测到的时候，科学家曾以为它是一个整体的、固态的、形状类似田径跑道的光环。

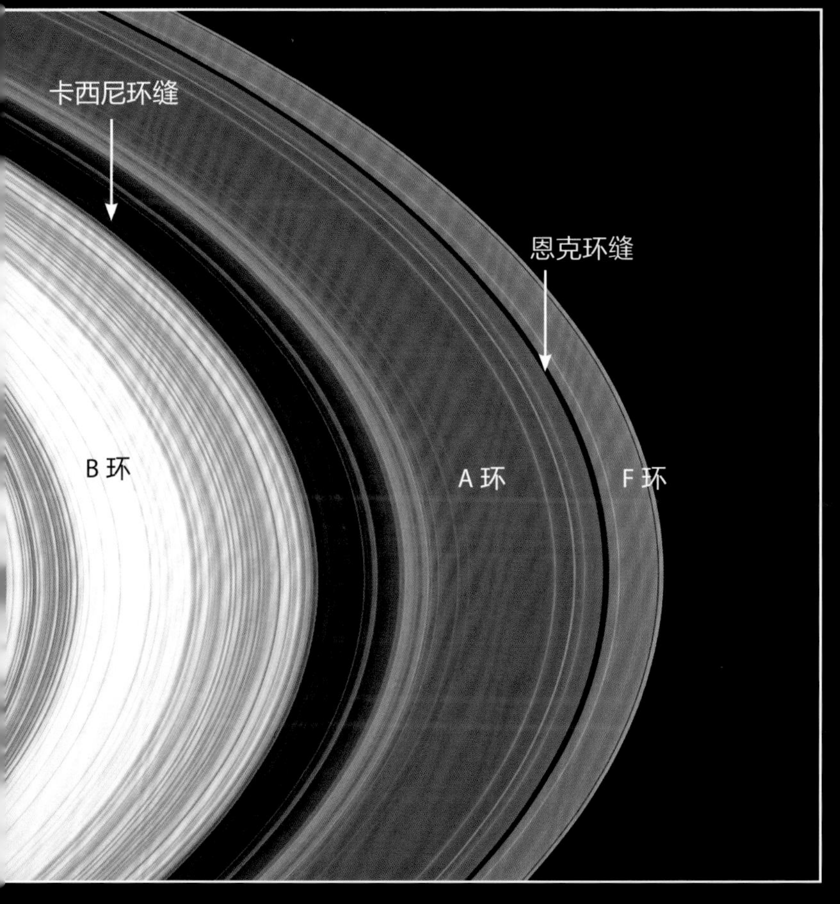

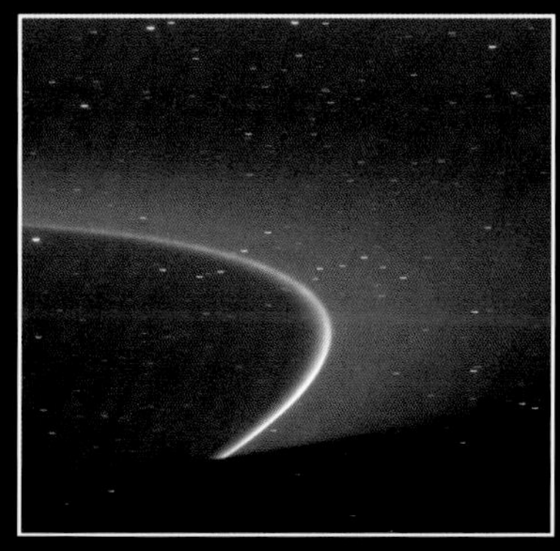

G 环

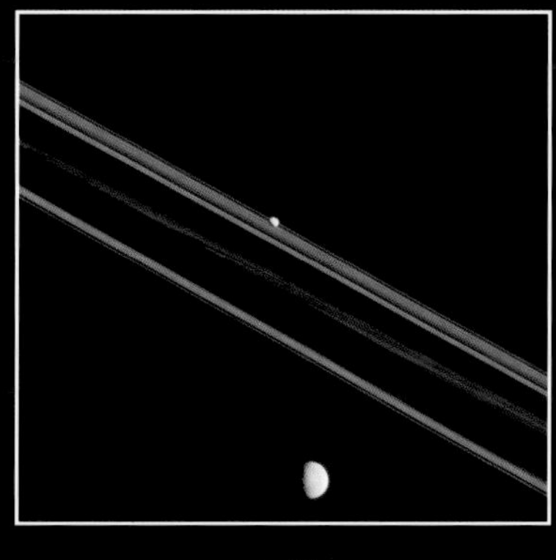

E 环

A 环：土星环主环，开始于距离土星中心 122170 千米 的地方，延伸到 136780 千米处。恩克环缝与基勒环缝都处于它内部。

F 环与 G 环：这两个环处于外部区域。F 环的外侧和内侧各有一颗卫星，即土卫十七（潘多拉）和土卫十六（普罗米修斯）。

E 环：包揽了土卫一（弥玛斯）和土卫五（瑞亚）之间的空间。它接近土卫二（恩赛勒达斯）的地方密度最大，因为这颗卫星不断向它输送物质。E 环总宽度约 300000 千米。

对土星的探索

空间探测器对土星的研究早在 1979 年就已经开始了，但直到 1997 年卡西尼号探测器发射，我们对土星和土星环系统的认识才有了重大突破。

卡西尼号是被派向太空的最大、最精密复杂的飞船之一。该任务共持续了 20 年，其中 7 年都用在了去程上。它借助摄像机、不同波段的红外线和紫外线光谱仪完成了对土星、土星卫星和土星环系统的研究工作。它内部还携带了另一个探测器——于 2005 年降落在土卫六（泰坦）上的惠更斯号。

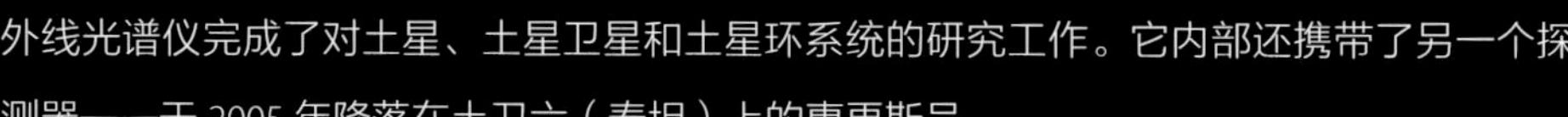

有活力的行星环系统

土星环是一个围绕土星运转的复杂又活跃的系统。它与土星及其卫星相互作用。土星的卫星为这个系统提供新的物质，同时，被引力困在土星环里的物体又与各卫星碰撞，不仅改变了它们的外观和轨迹，还造成了新的物质脱落。而且各卫星微小的引力也在改变着环内物体的运行轨迹。科学家正是通过土卫三十五在 A 环边缘产生的引力波而推测出了这颗卫星的存在。

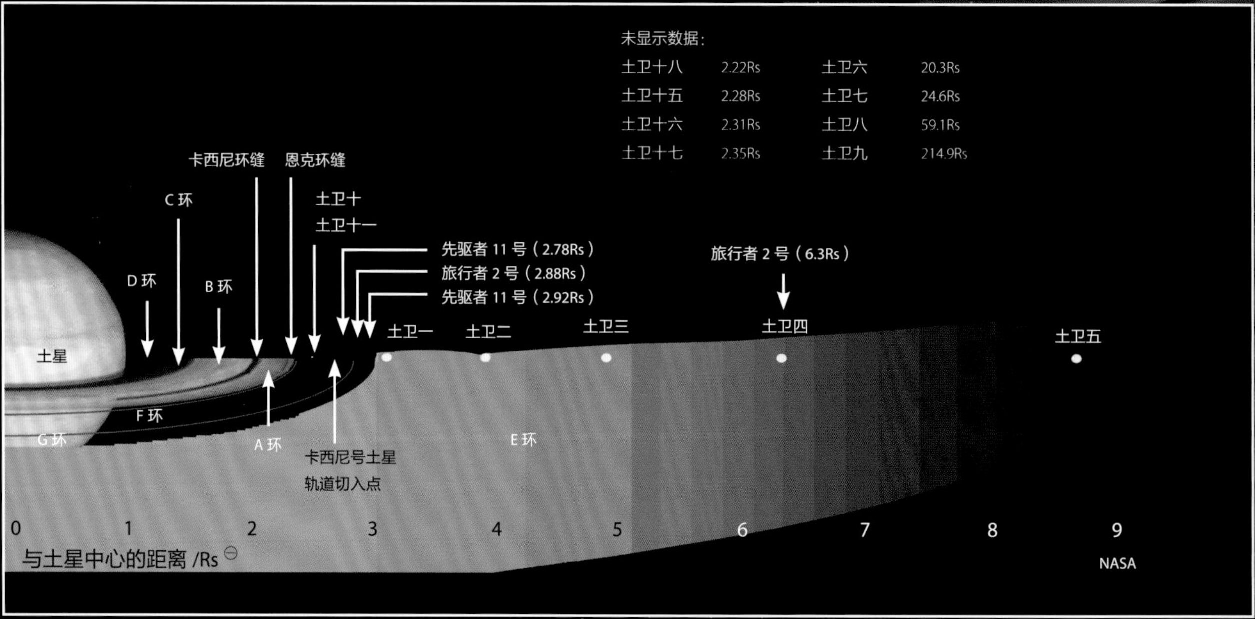

未显示数据：

土卫十八	2.22Rs	土卫六	20.3Rs
土卫十五	2.28Rs	土卫七	24.6Rs
土卫十六	2.31Rs	土卫八	59.1Rs
土卫十七	2.35Rs	土卫九	214.9Rs

卡西尼环缝
恩克环缝
C 环
土卫十
土卫十一
先驱者 11 号（2.78Rs）
旅行者 2 号（2.88Rs）
先驱者 11 号（2.92Rs）
旅行者 2 号（6.3Rs）
D 环
B 环
土卫一
土卫二
土卫三
土卫四
土卫五
土星
F 环
G 环
A 环
卡西尼号土星轨道切入点
E 环
0 1 2 3 4 5 6 7 8 9
与土星中心的距离 /Rs ㊀
NASA

㊀ Rs 为土星半径。——编者注

土星的卫星

已知的土星卫星有82颗，其中最主要的有：土卫六（泰坦）、土卫五（瑞亚）、土卫八（伊阿珀托斯）、土卫四（狄俄涅）、土卫三（忒堤斯）、土卫二（恩赛勒达斯）和土卫一（弥玛斯）。它们都被潮汐锁定，绕着土星规则运转，朝向土星的总是同一面。其中，土卫六和土卫八的轨道在土星环之外。小型的土星卫星表面不规则，非球形，由冰和岩石构成，其中一些位于土星环范围内。

还有一类卫星被称作牧羊人卫星，它们是那些在行星环内运转并清理掉自己轨道上其他天体的卫星，其中最为人熟知的是土卫十八（潘）。

特洛伊卫星则是那些紧随在大型卫星前后的小卫星。它们和其紧随的大卫星以及土星构成一个等边三角形。土卫十三（泰勒斯托）和土卫十四（卡吕普索）都是土卫三的特洛伊卫星，而土卫十二（海伦）和土卫三十四（波吕丢刻斯）都是土卫四的特洛伊卫星。

图示所有天体都呈现实际比例关系，除土卫十八、十五、十三、十四、十二为了显示其地形，尺寸放大了五倍。

土星共有 82 颗大小、构成、形状不同的卫星，按照由大到小的顺序，其中 7 颗最大的为：土卫六、土卫五、土卫八、土卫四、土卫三、土卫二和土卫一。卡西尼号探测器已经对其中多数都进行了研究，但在这里，由于篇幅限制，我们会说到的有以下几颗卫星：

- 土卫六（泰坦）
- 土卫二（恩赛勒达斯）
- 土卫一（弥玛斯）
- 土卫三（忒堤斯）

土卫六

土卫六是土星体积最大的卫星，也是太阳系第二大卫星，其体积比水星还大，是月球的 3.3 倍。它的核心由冰和岩石构成。据推测，它的内部很可能存在一层成分为水和氨的岩浆被压缩在冰层之间。同时，它还有可能拥有由液态碳氢化合物构成的大型地下湖。

土卫六的表面与其说像卫星，不如说像行星。这个表面拥有活跃的生命力，在这里我们探测到了湖泊、河流、面积相当于大洋洲的陆地和少量的陨石撞击坑，其中最大的坑直径为 440 千米。另外，最高的山峰还不及 1500 米，宽达 150 千米。

直径	5151 千米
与土星距离	1221830 千米

沼气湖

卡西尼号从 2006 年开始就在土卫六的北极表面探测到大量的斑状物。它们大小各异，尺寸从 20~100 千米不等。据推测，所有的斑点都为沼气湖，它们在冬天被填满，夏天逐渐干枯。这些沼气湖的主要成分，即液态甲烷源自于土卫六表面的河流输出和地下渗透。

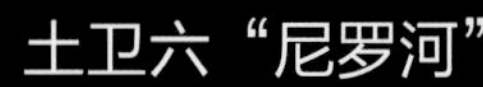

土卫六“尼罗河”

这条长度超过 400 千米的大河被称作土卫六的“尼罗河”，甚至在其周围形成了一个流域。科学研究目前可以确定其中流淌的是液体，而未来的空间任务将会确认其成分。这条大河源自于土卫六上的甲烷雨。

赤道沙丘

太阳系中的沙丘只存在于火星、金星、地球和土卫六上。土卫六上的沙丘形成于土星对土卫六的引力引起的风。这个引力比地球对月球的引力要大好几倍，它能搅动土卫六的表面，在赤道区域堆起高达 150 米，长达数百千米的沙丘。

土卫六受土星潮汐锁定，自转和公转同步，都需要 15 天 22 小时，也因此它朝向木星的总是同一面。它的转轴倾角为 27°，比地球的还要大一些，所以拥有季节变化，两极温度比赤道要低。

土卫六是太阳系唯一拥有浓厚大气层的卫星。该大气层主要由约 95% 的氮气和 5% 的甲烷构成，因为这点，它也和地球一起成为太阳系仅有的两颗氮含量丰富的天体。大气中还有极少量的二氧化碳和烃等其他气体，而烃生成于该大气上层遇到太阳紫外线辐射的情况下。而且，有些成分，比如乙烷或丁二炔，一旦形成，就会产生一种橙色的密云，赋予土卫六独特的颜色。土卫六大气的旋转速度要比该星球的自转速度还要快，而风暴就是这样形成的。

土卫六内部结构模拟图。从内到外依次是岩质核心和一个多冰层结构地幔，最外面一层代表它的大气层。

土卫二

土卫二由于拥有温热的海洋，是最适合孕育生命的土星卫星。它于 18 世纪被发现，位于土星环的 E 环。它有着岩质核心和冰质表面，两者之间充斥着一片涵盖整个星球的海洋。巨量的水资源让土卫二成为最适宜生命栖居的候选地。

土卫二表面的地质可以分成两种：一种是较光滑的、地质年龄小于一亿年的相对年轻的区域；另一种则是陨石撞击坑遍布的、地质年龄古老的破败区域。两种地质在土卫二上分布并不均匀统一，而是集中在某些具体的区域。在它表面还观测到了一些长达 200 千米，宽 10 千米的地质断裂带，无不在证明这里曾经发生过猛烈的地壳构造活动。

土卫二是土星“内卫星”中的一员，位于距离土星中心约 24 万千米的地方，绕土星一周和自转一圈需要的时间相同，都是 33 小时。这也是为什么它朝向土星的总是同一面。

土卫二的轨道还与土卫四的轨道形成了 2:1 的轨道共振。也就是说，

直径	504 千米
与土星距离	238020 千米

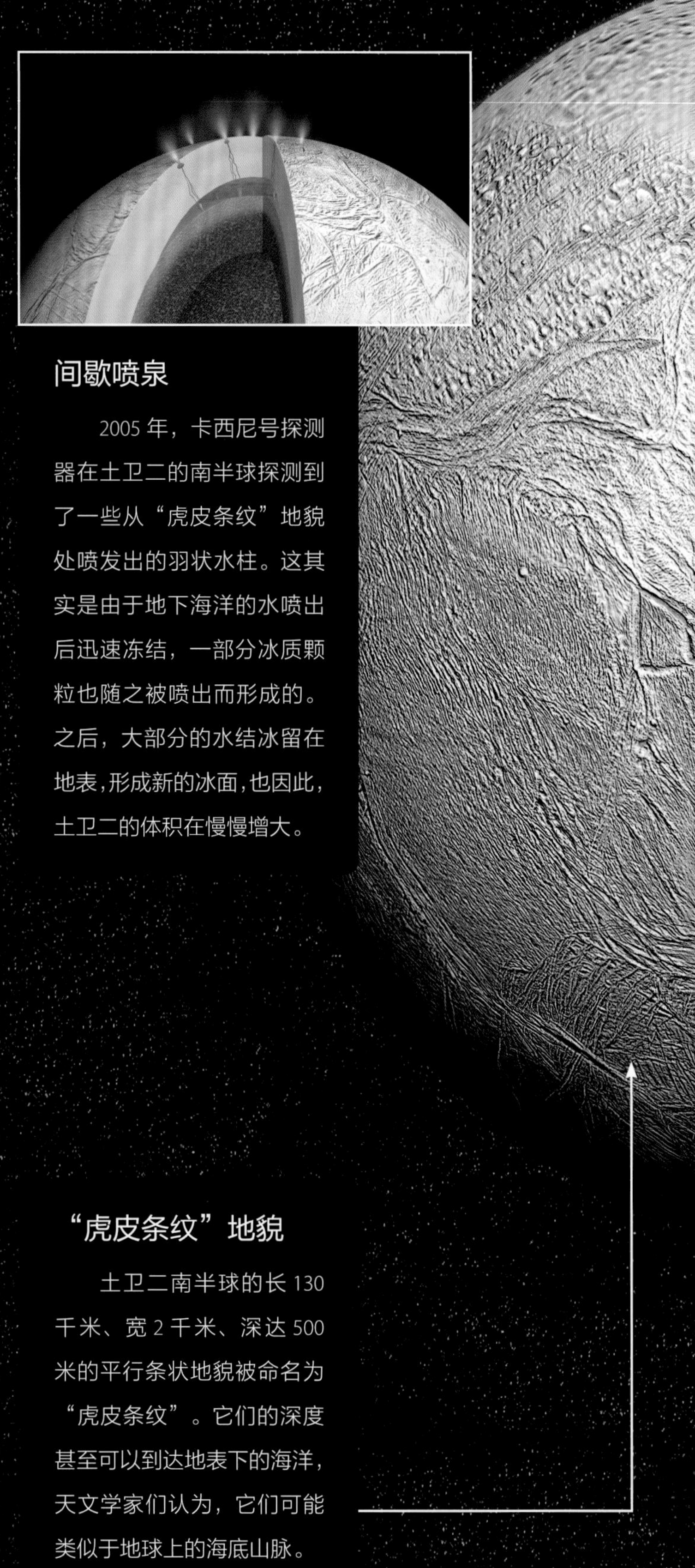

间歇喷泉

2005 年，卡西尼号探测器在土卫二的南半球探测到了一些从“虎皮条纹”地貌处喷发出的羽状水柱。这其实是由于地下海洋的水喷出后迅速冻结，一部分冰质颗粒也随之被喷出而形成的。之后，大部分的水结冰留在地表，形成新的冰面，也因此，土卫二的体积在慢慢增大。

“虎皮条纹”地貌

土卫二南半球的长 130 千米、宽 2 千米、深达 500 米的平行条状地貌被命名为“虎皮条纹”。它们的深度甚至可以到达地表下的海洋，天文学家们认为，它们可能类似于地球上的海底山脉。

土卫二每绕着土星运转两周，土卫四正好绕行一周。这种情况类似于木卫一和木卫二之间的关系。

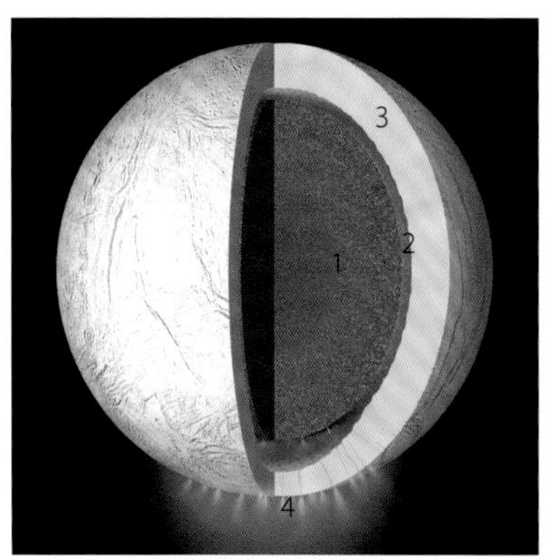

土卫二内部构造模拟图。如图所示，内部的灰色表示该卫星的岩质核心，球形海洋由蓝色表示，然后是白色代表的多个厚厚的冰层，与实际情况吻合。这些冰层最后形成了一个满是沟壑的外壳。

图为土卫二的景观。该图片为卡西尼号于 2005 年 4 月 5 日在距离土星 220 万千米处所拍摄，展现了震撼人心的美景。

E 环的物质来源

卡西尼号探测器的研究表明，土卫二是土星 E 环的主要物质供应源。

事实上小行星们撞向土卫二时会将很多尘埃排到宇宙中。此外，土卫二还靠排出地质颗粒来供养 E 环，这种供养通过南极一座冰火山喷出羽状物的方式来实现。

土卫一

土卫一是距离土星最近的一颗卫星，是太阳系中已知最小的在自引力作用下呈球形的天体。它的低密度表明它的构成为大量的冰和少量的岩石。它的表面满是陨石撞击坑，如果一个新的天体撞向它，只能在已有撞击坑上形成坑上坑。土卫一上最大的陨石坑名为赫歇尔撞击坑，直径为130千米，据推测，它形成于某颗彗星与土卫一的撞击。

这张土卫一在土星旁的图片为卡西尼号于2007年9月4日拍摄，拍摄点距离土星270万千米。事实上，这是一张多光谱合成图。

直径	397.2 千米
与土星距离	185520 千米

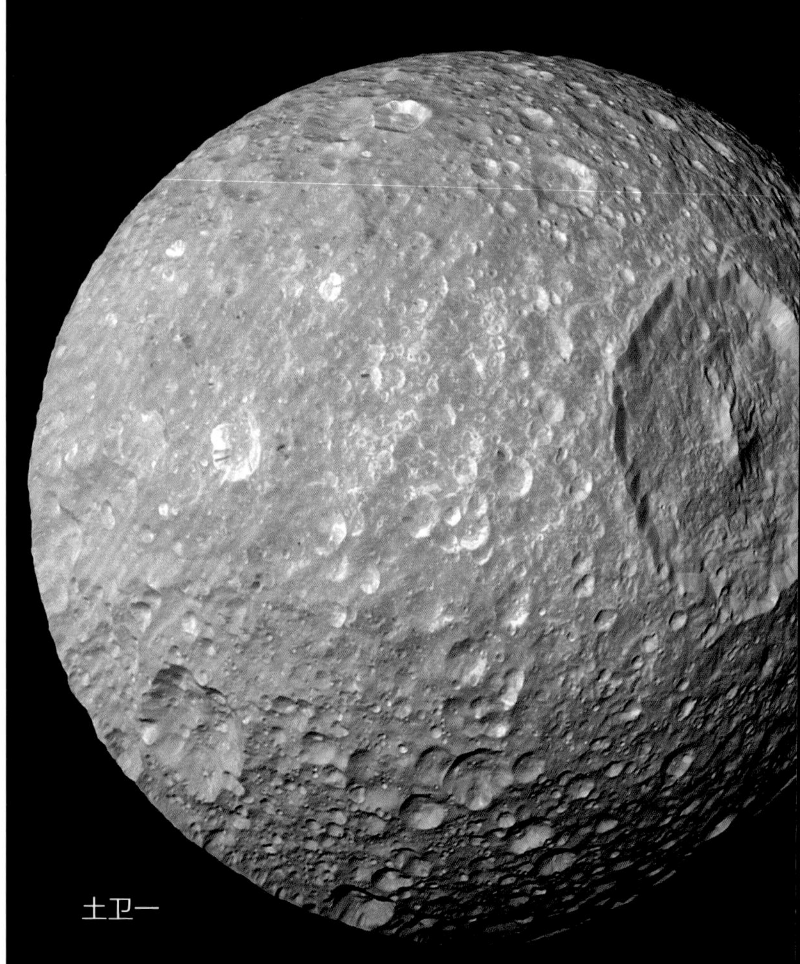

土卫一

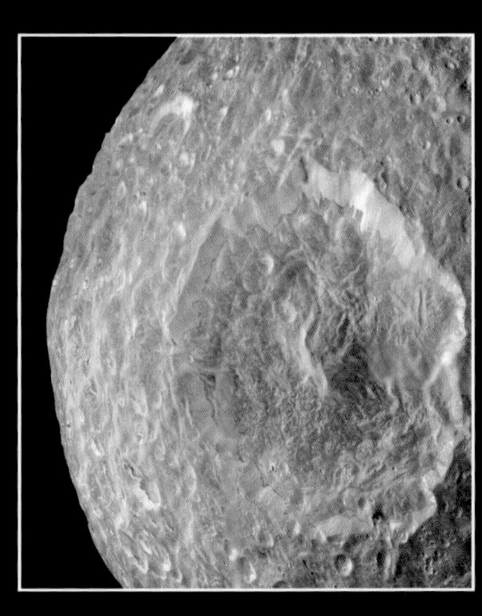

赫歇尔撞击坑

赫歇尔撞击坑的直径大约是土卫直径的1/3。形成这个坑的那次撞击差点毁掉了整个卫星，它在土卫一背面留下的断面至今仍可以被清晰地观察到。这个巨大的撞击坑直径为130千米，坑缘高度为5千米，部分坑底深达10千米，坑中部却凸起一座6千米高的山峰。

土卫三

伊萨卡峡谷

伊萨卡峡谷延伸了2000千米，宽100千米，深3~5千米。液态水在流过其流域时冻结膨胀，造成地表开裂，直到形成这个深深的、长度约为土卫三周长3/5的“疤痕”。

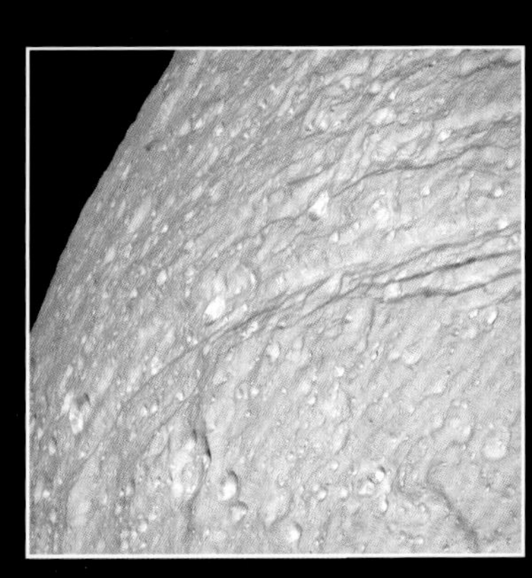

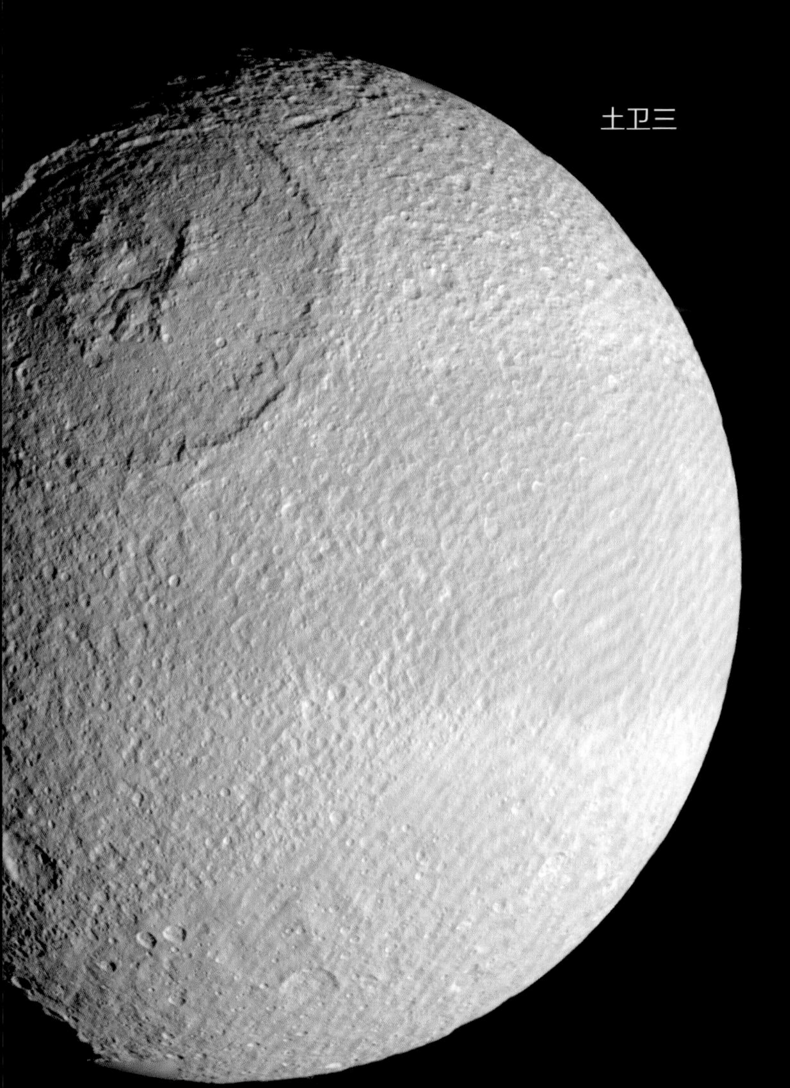

土卫三

土星的第五大卫星，运行轨道位于土星环之内，距离土星约29万千米。直径1072千米，与土卫十三和土卫十四两个特洛伊卫星共用轨道。

土卫三是一个由冰和水构成的天体，表面平均温度为 -187℃。它的表面分为两大区域：一个区域遍布着密密麻麻的陨石撞击坑，相互之间几乎没有空隙；另一个区域撞击坑明显较少，表面更平滑，这表明这个区域曾经有内部物质流出，填补了撞击坑并形成了新的卫星表面。卡西尼号也向我们确认了土卫三和土卫四正在将内层物质向表面排出。土卫三表面最大的撞击坑——奥德修斯撞击坑——直径有400千米。

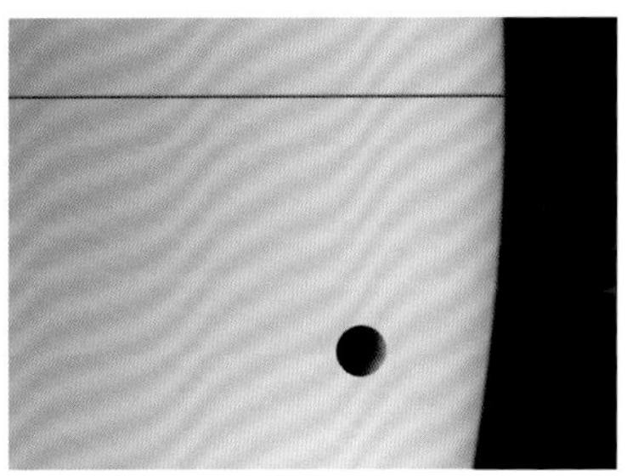

土卫三在土星旁。图片为卡西尼号于2005年12月3日，在距离土星250万千米处所拍摄。

直径	1072千米
与土星距离	294660千米

天王星

天王星参数
直径：51118 千米
重力加速度：8.69 米 / 秒 ^{2}
自转周期：17 小时 14 分
公转周期：84 年

天王星在古代就被人类发现了，但直到 18 世纪，多亏天文望远镜的应用，才被归类为行星。它是太阳系中体积第三，质量第四的行星。

天王星沿着它长长的椭圆形轨道运行，每 84 年才能完成公转一周。它的自转周期则只有 17 小时 14 分。相对于其他行星来说，它的独特之处还在于其运转都是在 97.77° 这个极大的转轴倾角下完成的。这个不寻常的大倾角还使得它的行星环根本不在赤道位置，而是纵向地垂直贯穿南北极，结果是当天王星处在至点时，南北极之一直接指向太阳。天王星的两极以交替的形式要么受到 42 年持续的直接日照，要么经过长达 42 年的暗无天日。

至于内部结构，天王星有一个较其他行星比例较小的岩质内核，只占总质量的 1/28，半径不到整个星球的 20%。层层地幔包裹着核心，然后最外层是行星表面。离核心最近的是一层由水、氨和其他挥发性气体组成的高温流体。这些挥发性气体在接近表面的过程中冷却。地幔最上层由冰构成。

天王星是一颗冰巨行星，它的大气层起始于其表面，共 5 万千米厚，由地幔和核心所不具备的粒子构成，主要为氢和氦，另外科学家还探测到了少量甲烷的踪迹。大气层最外层还被检测出了碳氢化合物的存在，由氢、氦和甲烷分子在紫外线的作用下分解而生成。

天王星拥有一个由 13 个光环组成的行星环系统，这很可能是它与小行星相撞的结果——行星内部的尘埃、冰等物质，以及撞向它的天体留下的残余物，都被抛射出去，又被天王星的引力俘获而形成星环。天王星环上的物体小至几微米，大至数米不等。这些光环的宽度大多只有几千米。

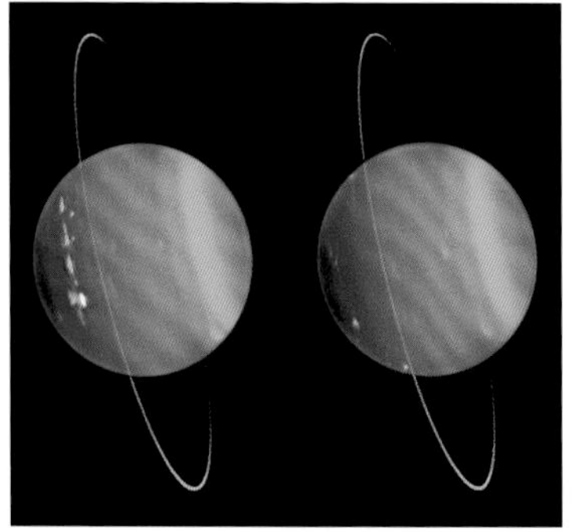

图为凯克望远镜捕捉到的天王星的两个半球的样子，由多张红外图像合成。图中天王星的北极指向四点钟方向。

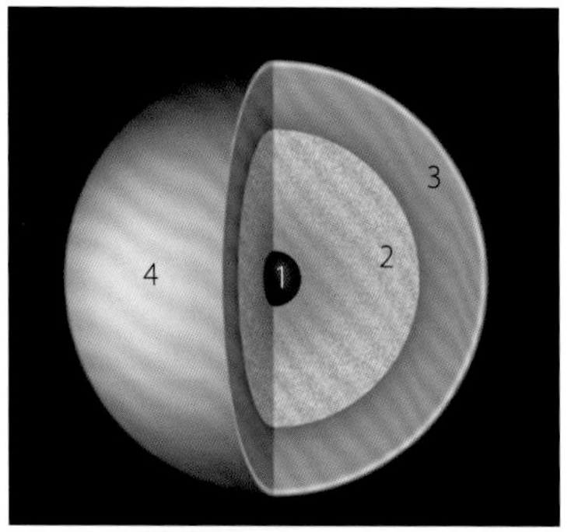

天王星内部结构猜想图，从内到外依次是：由岩石组成的内核；由水、氨和甲烷组成的地幔；由氢、氦以及甲烷组成的内层大气；布满云层的外层大气。

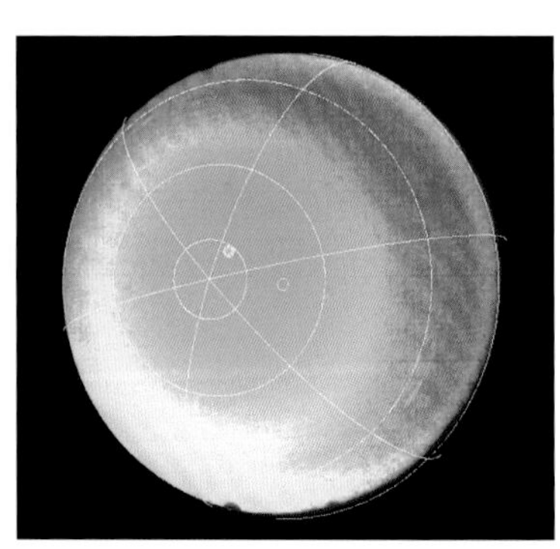

旅行者 2 号拍摄的这张图片用假彩色显示了天王星上经线和纬线的重叠网络。它证明了天王星的大气循环方向与该行星的自转方向一致。

天王星

天王星是一个与众不同的行星，它的许多特征都让它成为众多行星中独一无二的一颗，比如它接近直角的转轴倾角、它的超低温和它独特的自转方式。

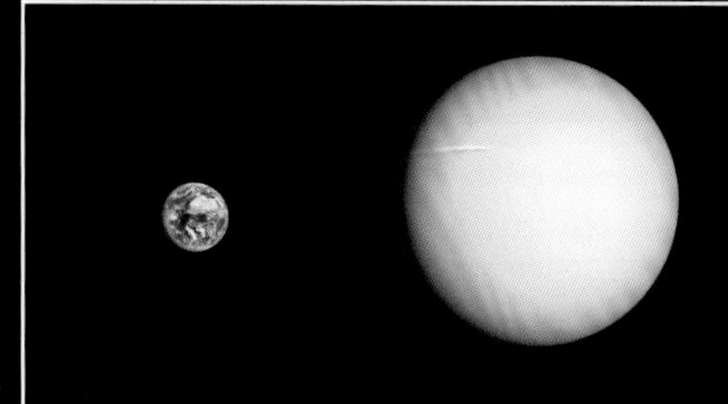

大体积小质量

天王星是太阳系四颗巨行星中质量最小的。它的质量不到地球的 15 倍，但是体积却差不多是地球的 63 倍。

暗淡的行星

天王星受到的日照强度只有地球的 1/400。虽然能从地球上直接观测到，但它微弱的亮度一直没有引起天文学家的注意，直到 18 世纪才被威廉·赫歇尔归为行星。它也是第一颗借助天文望远镜发现的行星。

与太阳距离	2870658186 千米
表面平均温度	−197℃
质量	14.54（地球 =1）
体积	63.08（地球 =1）
密度	1.27 克 / 厘米^3
表面积	8.11 x 10^9 千米^2

两个不同的自转速度

天王星的自转周期是 17 小时 14 分。但最新研究表明，天王星的大气层以更快的速度旋转，每次自转只需 14 小时。这个速度差导致大气中产生了 250 米 / 秒的高速气流和巨大的风暴。

是什么让天王星如此倾斜?

天王星的自转轴为何如此倾斜，我们还不得而知。在这个问题上天文学家持两种理论：一种理论认为，这个现象的起因是天王星与一个大型原行星相撞，内部结构和重心也由此改变；另一种理论倾向于相信天王星如此倾斜是木星和土星两大巨行星的引力共同作用的结果。

甲烷色——青色

天王星的大气中被探测到了甲烷，正是它赋予了这个星球特殊的颜色。甲烷能吸收各种不同波段的可见光和部分红外线，结果使得天王星呈现出我们看到的青色。

天王星的温度

天王星是太阳系极温最低的行星，其温度最低达到过 −224℃。

天王星的卫星

已知天王星的卫星共有27颗。它们中大部分都是被旅行者2号探测器于20世纪末发现的。天王星的卫星系统中等规模，但质量较小，卫星都以几乎等量的冰和岩石构成。它们中最主要的有天卫五(米兰达)、天卫一(艾瑞尔)、天卫二(乌姆柏里厄尔)、天卫三(泰坦尼亚)和天卫四(奥伯龙)。

磁场

不光自转轴，天王星的磁场轴也是倾斜的，它相对自转轴的倾角为59°。两者的倾角使天王星的磁场中心并不在行星的几何中心上，而是往北极偏离了半径的1/3。这种情形造成的结果是，天王星的磁场非常不对称。在地球上，北极的磁场和南极的磁场是基本相似的。然而在天王星上，北极被探测到的磁场比南极的要强100倍。

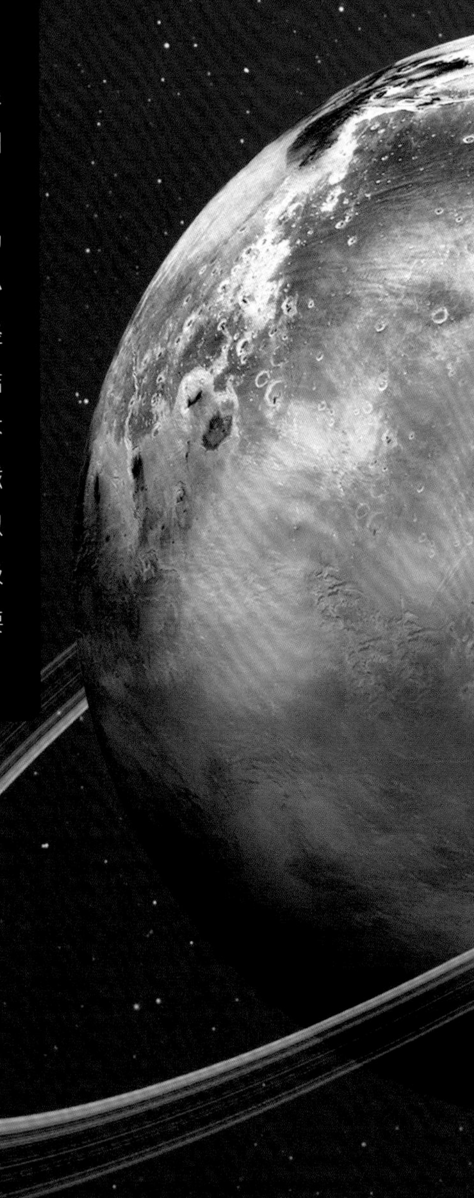

天王星的云层

天王星表面上空飘着云，它们结成一个个浓密的云层，增加了太阳辐射进入行星内部的难度。天王星上的云可以分为很多种，不同位置的云的成分也不同。云被220米/秒的强风推动，在赤道区域相对自转方向逆向位移，引起的撞击和摩擦还会造成强烈的风暴，搅动大气层内部的气体。

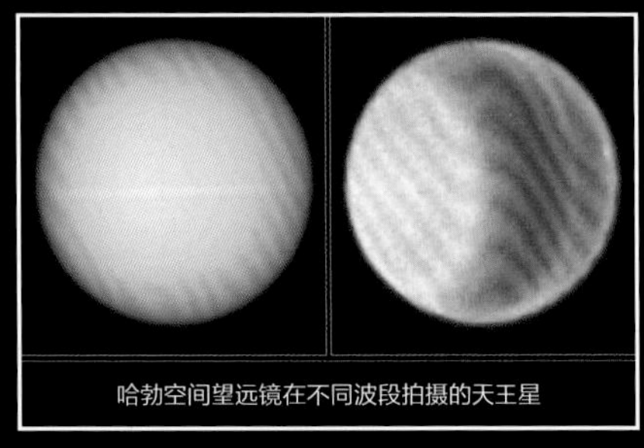
哈勃空间望远镜在不同波段拍摄的天王星

天王星环

环绕天王星的 13 个光环与行星中心的距离在 3.8 万 ~ 9.6 万千米之间。天文学家相信，这些年轻的光环形成的时间不超过 6 亿年。它们均由尘埃、冰和其他小天体撞击后的残余物构成，反射的太阳光不超过接收到的 2%，所以看起来非常暗淡。

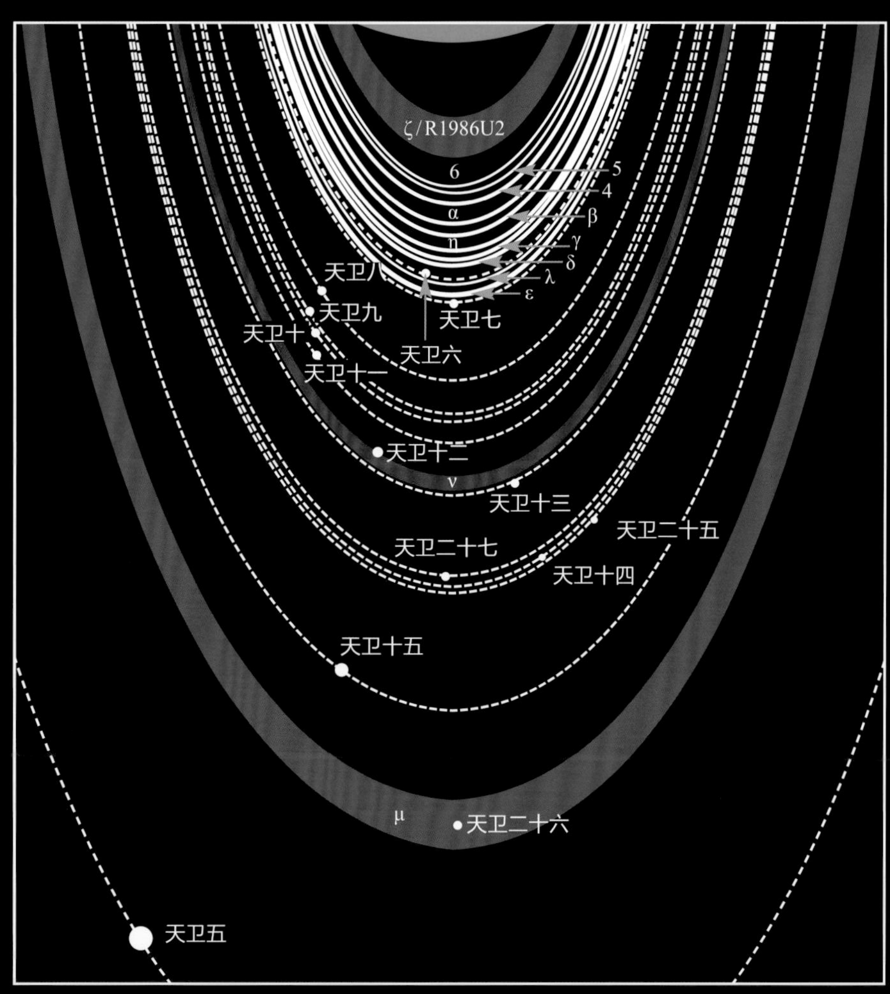

主环

主环为 9 个最大和最亮的光环，反射的光占天王星环所有反射光的 2/3。其中最小宽度 150 米，最大宽度为 10~12 千米。

尘埃环

尘埃环是旅行者 2 号在 1986 年发现的两个环。其中有一颗牧羊人卫星——天卫六，它似乎处在环之间的空隙中，一边运行一边清理着自己的轨道。

外环

外环是两个在 2005 年发现的位于天王星环系统外侧的光环。它们宽度很大，分别为 3800 千米和 17000 千米。然而它们密度很低，也很稀薄，也正因此才这么晚被发现。

天王星的 27 颗卫星都为纪念莎士比亚和蒲柏两位文豪而以他们作品中的人物命名。它们基本上都由 50% 的岩石和 50% 的冰构成。我们在此将着重介绍其中最大的卫星，同时也是太阳系第八大卫星，它就是：

- 天卫三（泰坦尼亚）

天卫三

天卫三于 18 世纪被发现。天文学家认为天卫三起源于天王星周围的一个气体和尘埃圆盘，而这个圆盘出现于一次足以让天王星大幅度倾斜的剧烈撞击。天卫三就是这样在数千年的圆盘物质累积过程中形成的。在它形成的过程中也经受过其他天体的多次撞击，另外，它的表面逐渐冻结，然而又因为核心岩石中的放射性元素衰变产生热能而使行星内部持续高温。

天卫三的组成成分与它的形成方式有关。它的岩质核心占总体积的 60%，包裹着核心的是一个可能含氨的冰质地幔。氨在地幔下层可以起到

直径	1576 千米
与天王星距离	435910 千米

峡谷和断崖

天卫三的表面被巨大的峡谷和断崖所切割，呈现出地质断层的样貌，这些大峡谷可能是由于内部的水冻结、膨胀，撑裂了薄弱的外壳而形成的。

墨西拿深谷是天卫三上最大的峡谷，它从赤道一直延伸到南极，长度超过 1500 千米，宽度 20~50 千米，深度 2~5 千米。

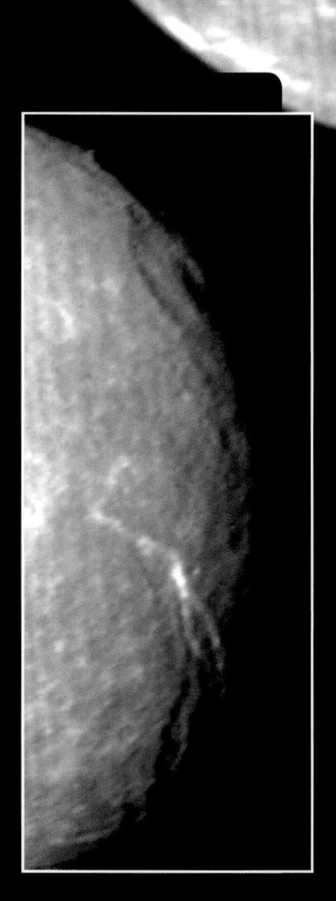

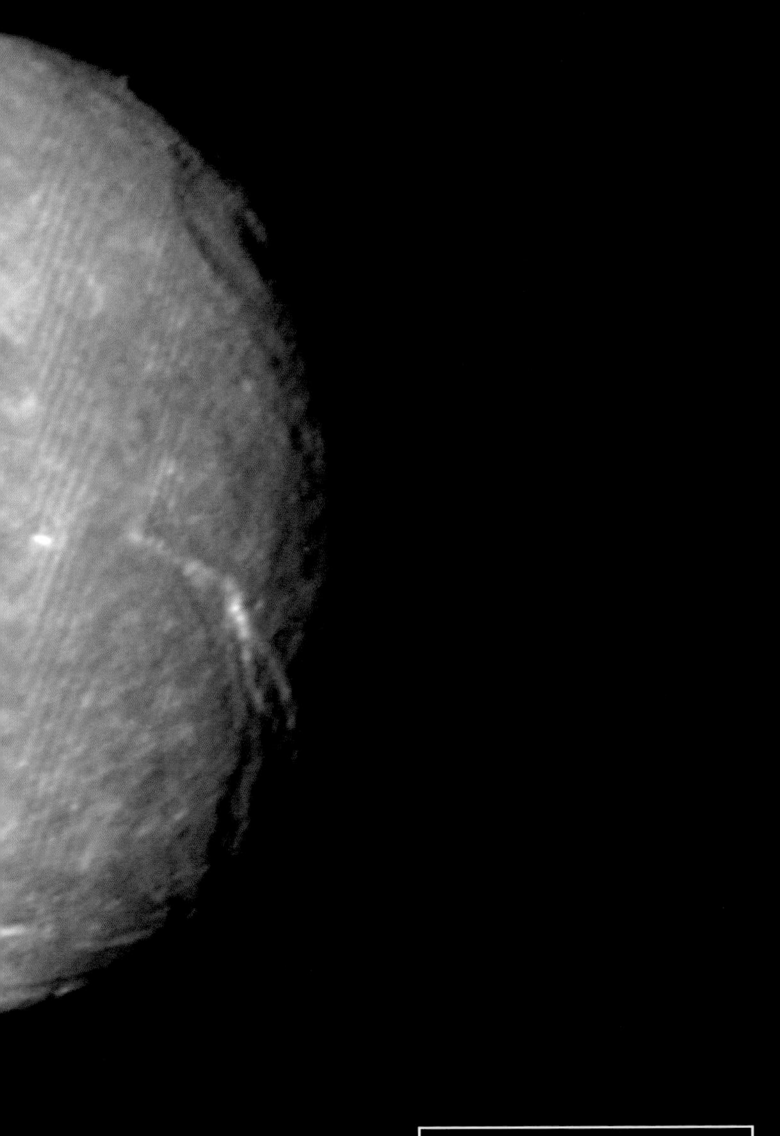

防冻剂的作用，这很可能为一个弥漫整个卫星的地下海洋制造了存在的可能。研究天卫三的科学家们认为，如果这个海洋存在，它会夹在上层冰面和岩质内核之间。

天卫三相对年轻，它的表面没有太多其他天体的撞击痕迹。空间探测器的结果显示，它主要拥有三种地形地貌：撞击坑、峡谷和断崖。峡谷和断崖出现在卫星形成的第二阶段，可能由内部的水冻结并使地面开裂而形成。天文学家之间存有争议的一个问题是天卫三是否曾经有冰火山将地幔内部物质喷发出地表的情况发生。如果有，这些物质应该已经将卫星上的许多撞击坑遮盖，并将它的表面铺平。以旅行者 2 号拍摄的图像为基础，人类已经绘制出了天卫三表面 40% 的地图。

天卫三的大气目前还是科学家的研究对象。根据初步估计，它是一个稀薄的、静止的、含有二氧化碳和少量氮气以及甲烷的大气层。

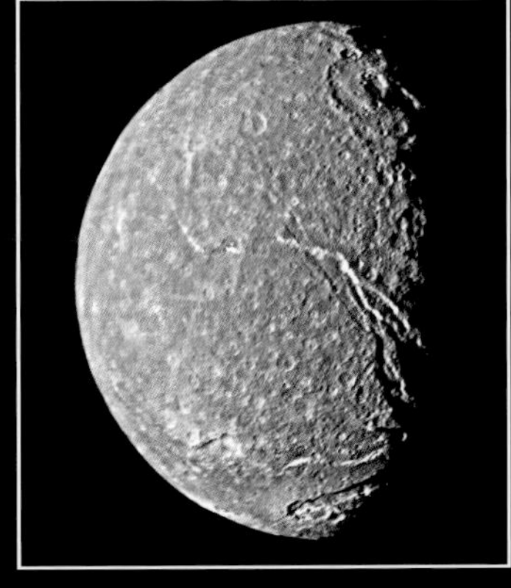

撞击坑

天卫三表面已被发现的撞击坑尺寸差距很大。最小的直径不到几千米；最大的，也就是葛楚德撞击坑，直径达 326 千米，它们的坑底基本上都比较平坦，中心会有一些凸起的山丘，这是由于撞击后表面立即隆起而形成的。

海王星

海王星参数
直径：49528 千米
重力加速度：11.15 米 / 秒 ^{2}
自转周期：16 小时
公转周期：165 年

虽然 70 多年来，“太阳系最遥远行星”这个称号一直属于冥王星，但在 2006 年，由于冥王星被降级为矮行星，海王星就变成了离太阳最远的行星。它是太阳系最寒冷的地方之一，共有 14 颗卫星围绕在身边。

或许是因为海王星独特的颜色与大海的颜色相似，它的名字来源于罗马神话中海神的名字（尼普顿），甚至它的天文符号也与海神的三叉戟相呼应。它的运行轨道几乎呈正圆形，是太阳系最长的行星轨道，公转一周需要 165 年，但自转一圈只需要 16 小时。它的自转轴有 28° 的倾角，只比地球的倾角大几度，这个倾角使得海王星有季节的变化，每个季节平均持续约 40 年。

海王星有着和天王星相似的结构：一个由岩石和冰构成的核心，其质量相当于一个地球质量；接着是一层由水、甲烷和氨构成的高密度流体地幔，这个结构全面包裹着内核，占了总体积的 2/3；往外是一个浓密的大气层，可以分为很多层。

海王星的外层大气富含氢，中层则由氢、甲烷、氦构成。海王星大气层内的风速可达 600 米 / 秒，造成的巨大气流能引起如地球般大小的风暴。它呈现的蓝色源自于大气层中的甲烷，该气体在吸收太阳光中的红光的同时，赋予这颗星球以独特的蓝色。

到目前为止，已知的海王星卫星共有 14 颗。它们的运行轨道有远有近，组成了一个不太规律的行星系统。其中最主要的卫星是海卫一（特里同），其质量占了所有海王星卫星的 99%。

海王星的行星环系统很微弱。它与木星环相似，在特性和体积上与土星环和天王星环大相径庭。这些行星环由尘埃和来源未知的深色颗粒构成。事实上，海王星环系统在没有被旅行者 2 号于 20 世纪末直接观测到之前就已经被科学家预测存在。

钻石雨

研究海王星构成的科学家们推测，该冰巨行星内部的环境符合碳原子间结合为钻石所需的条件。若假设成立，那么这些钻石会像雨一样从内层大气洒落，慢慢向下沉淀，最终覆盖在海王星的核心上。

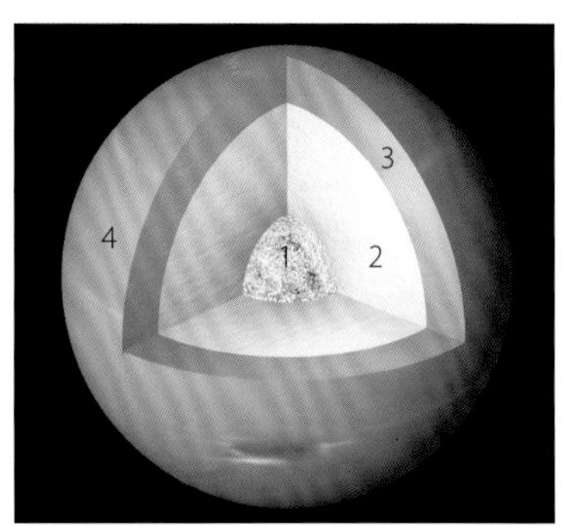

海王星内部结构猜想图。从内到外依次是：由岩石和冰组成的核心；由水、氨和甲烷冰组成的地幔；由氢、氦、气体甲烷组成的内层大气；布满云层的外层大气。

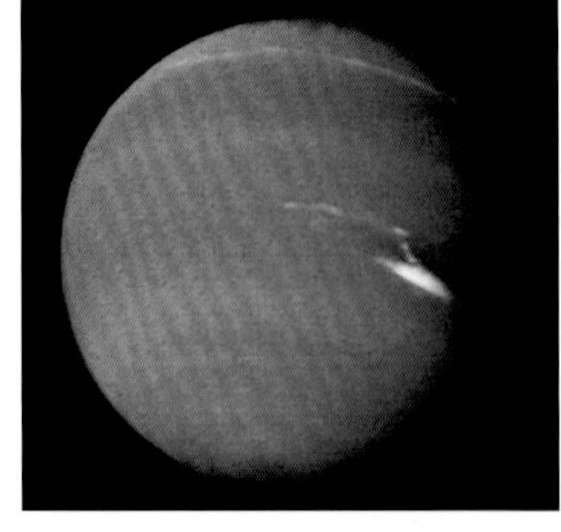
上图由旅行者 2 号的广角摄像机所拍摄。图片以假彩色显示了海王星的大气层，其中白色区域为高空云层。

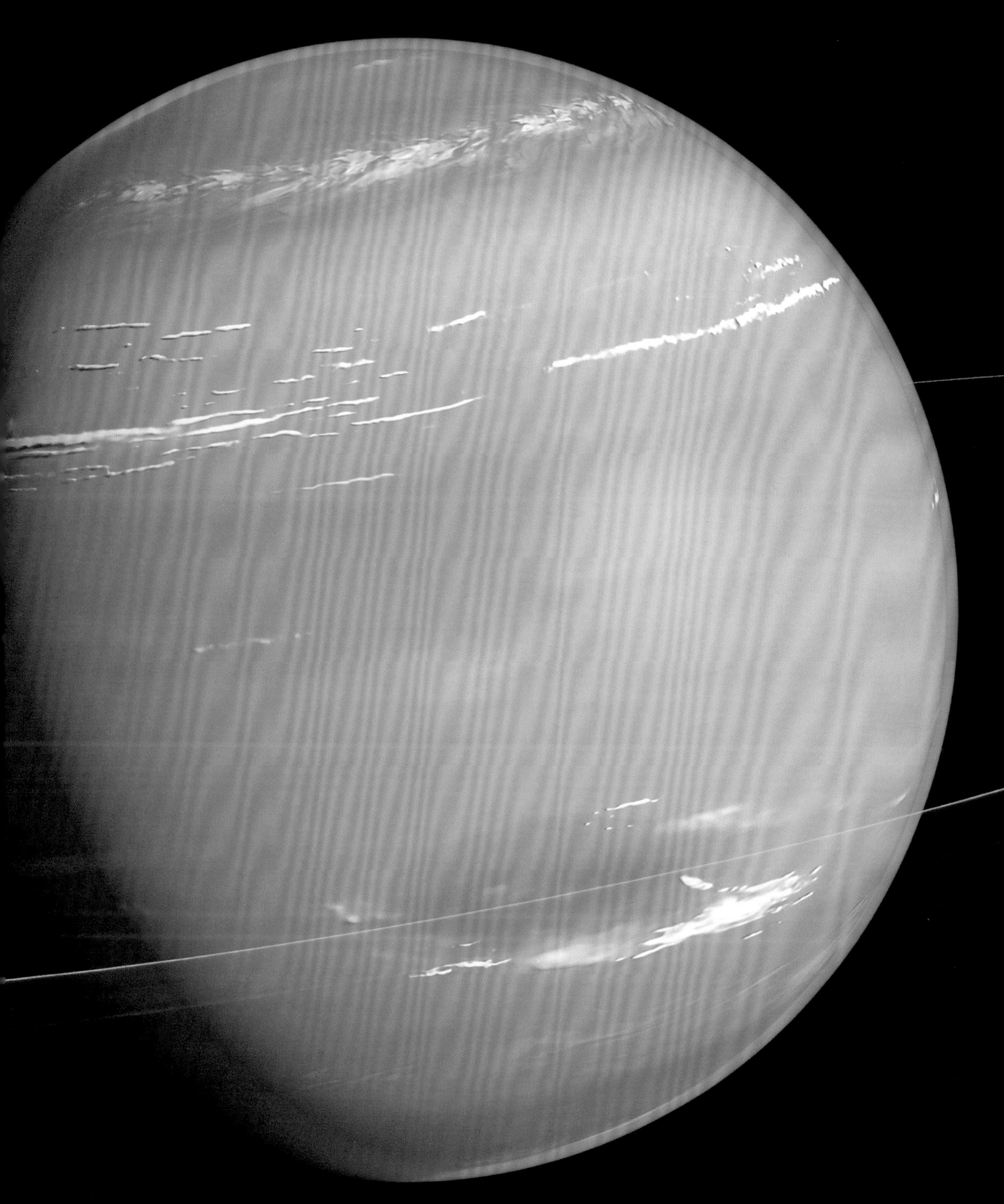

海王星

海王星与地球间遥远的距离决定了我们对它的研究要付出极其高昂的成本，也因此，对天文学家来说，海王星仍有许多奥秘待被揭示。到目前为止，它依然是太阳系中一个很大的未知领域。

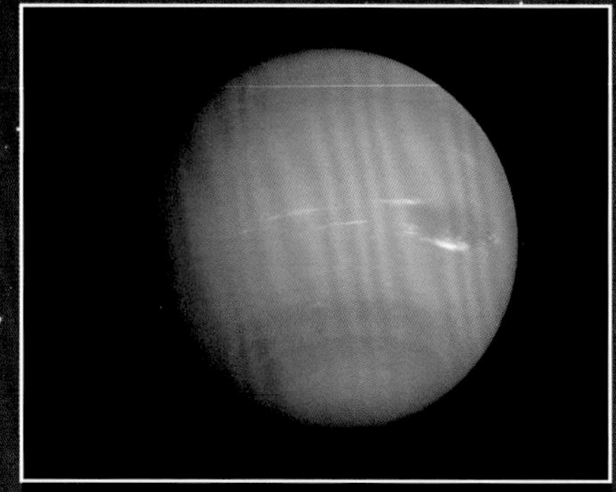

海王星的“第一年”

海王星于 1846 年被首次观测到。它的公转周期极长，达 165 年之久。所以当它绕轨道一周再次回到它当年被发现的位置时，已经是 2011 年了。它的这种特殊状况使我们对它的轨道和摄动研究只能通过数学模型与电脑计算来实现。

巨行星中的小个头

海王星是太阳系四大巨行星中最小的一颗，它的体积比天王星稍小一些，直径约是地球的 4 倍。海王星也是距离太阳最远的行星，两者间的距离是日地距离的 30 倍。

与太阳距离	4498396441 千米
表面平均温度	−201℃
质量	17.15（地球 =1）
体积	57.74（地球 =1）
密度	1.64 克 / 厘米 ^{3}
表面积	7.65 x 10^9 千米 ^{2}

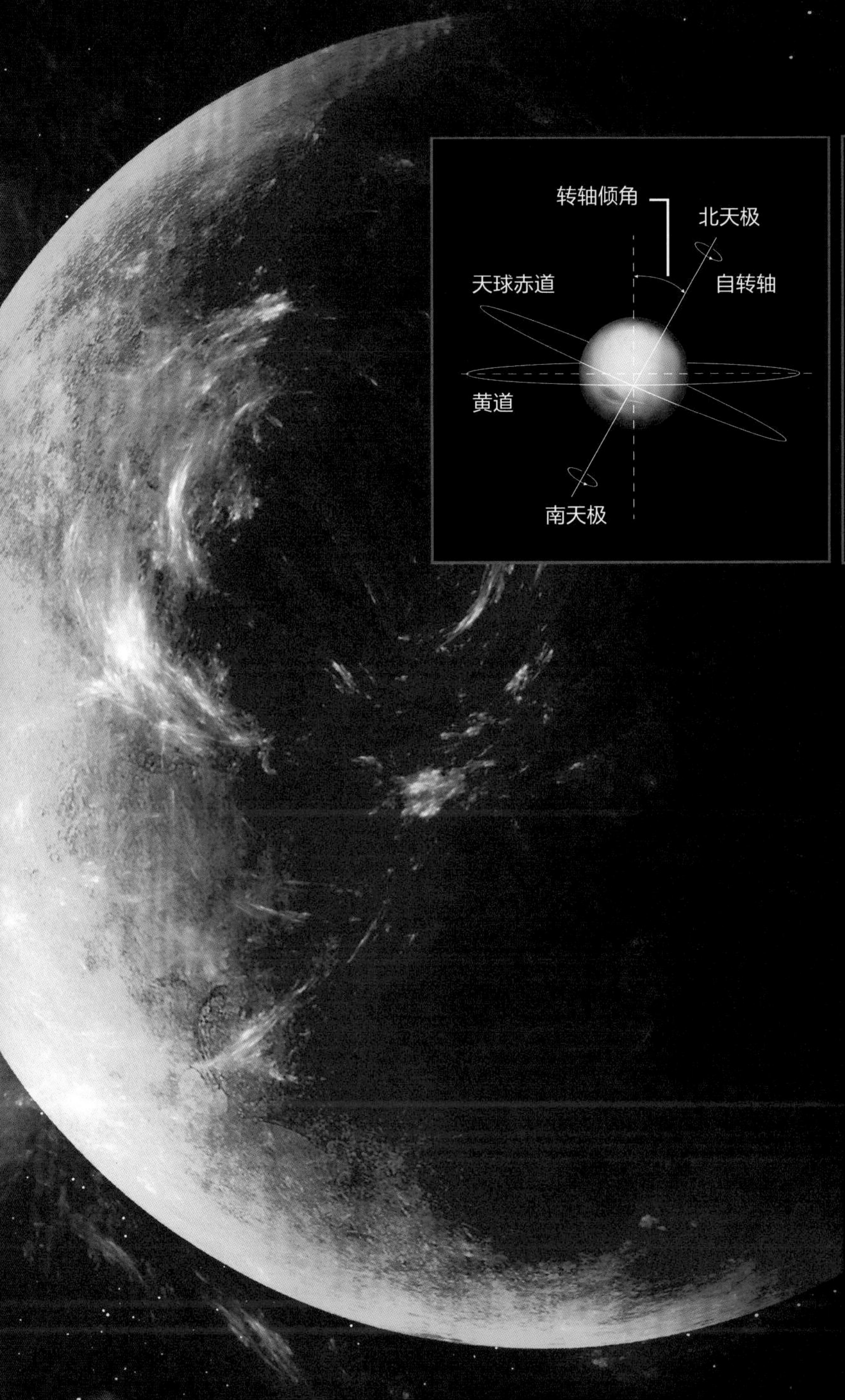

磁场

海王星的磁场相对于自转轴非常倾斜，倾角达到 47°。也由于这个原因，它的磁场中心也相对于质量中心偏离了 13500 千米。

海王星和数学

海王星是第一个根据数学预测被发现的行星。天文学家在 1844 年就基于开普勒定律和牛顿运动定律推算出了它的存在和所处的位置。直到 1846 年它真正被天文望远镜观测到的那天，于两年前对它位置的估算被完全验证，几乎没有误差。

海王星的温度

海王星的表面平均温度为 -201℃。但其中有一个矛盾的点是，鉴于它与太阳遥远的距离，这个数值偏高。天文学家的观点是，这可能是因为自诞生时期起，海王星就用内部热源缓和外部的低温。

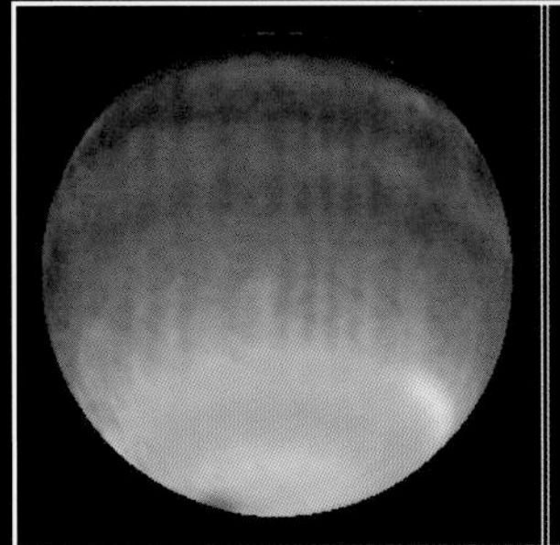

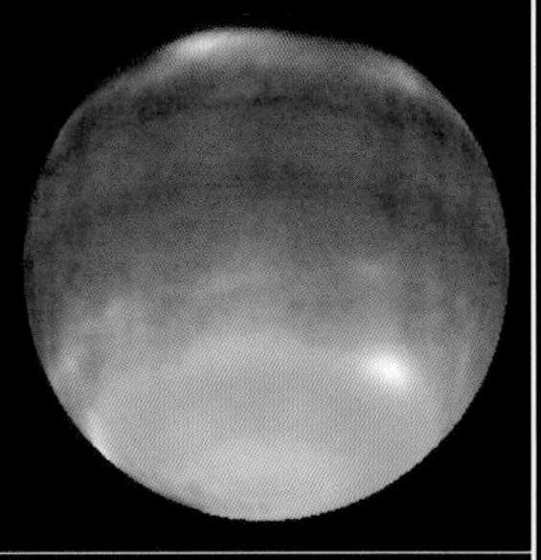

哈勃空间望远镜拍摄的海王星的不同半球

海王星的云

海王星大气内部的各云层分布在不同高度上，并依据地理位置以条状的形式存在。在对流层中较高的地方，飘着浓密又厚重的甲烷结晶带状云，就像在这颗星球的蓝底上用画笔描上了白色的条纹。海王星的云是太阳系中最活跃的。

海王星大黑斑

海王星的大黑斑其实是一个反气旋风暴，它是在旅行者 2 号发回的图像上被发现的。这个斑块的大小与地球近似，行迹随风向遍布整个行星表面。这个黑斑中颜色较深的云大多处在底部，含有高浓度的甲烷。那些围绕在反气旋风暴周围的白色云就像是反气旋的力量杠杆一样，以非常快的速度变换形状和方位。

1994 年的时候，大黑斑从我们的视野中消失了。几个月后，它又以新的形状在新的位置卷土重现。

海王星卫星

到目前为止，我们已知的海王星卫星共有 14 颗。第一颗就是发现于 19 世纪的海卫一（特里同）。然而人们再次发现新的海王星卫星已是一个世纪之后。如今海王星众多的卫星可以分为规则卫星和不规则卫星。规则卫星拥有赤道轨道，如海卫三、海卫四、海卫五、海卫六和海卫七；不规则卫星的轨道或是有所倾斜，或是离心率高，或是逆行，如海卫一、海卫二、海卫九、海卫十、海卫十一、海卫十二、海卫十三。

海王星环系统

海王星能够被辨认的光环共有五个：伽勒环、勒维耶环、拉塞尔环、阿拉戈环与亚当斯环。它们的成分主要为灰暗的尘埃，这些尘埃有可能是来自于海王星外层因为太阳辐射而产生的有机物。

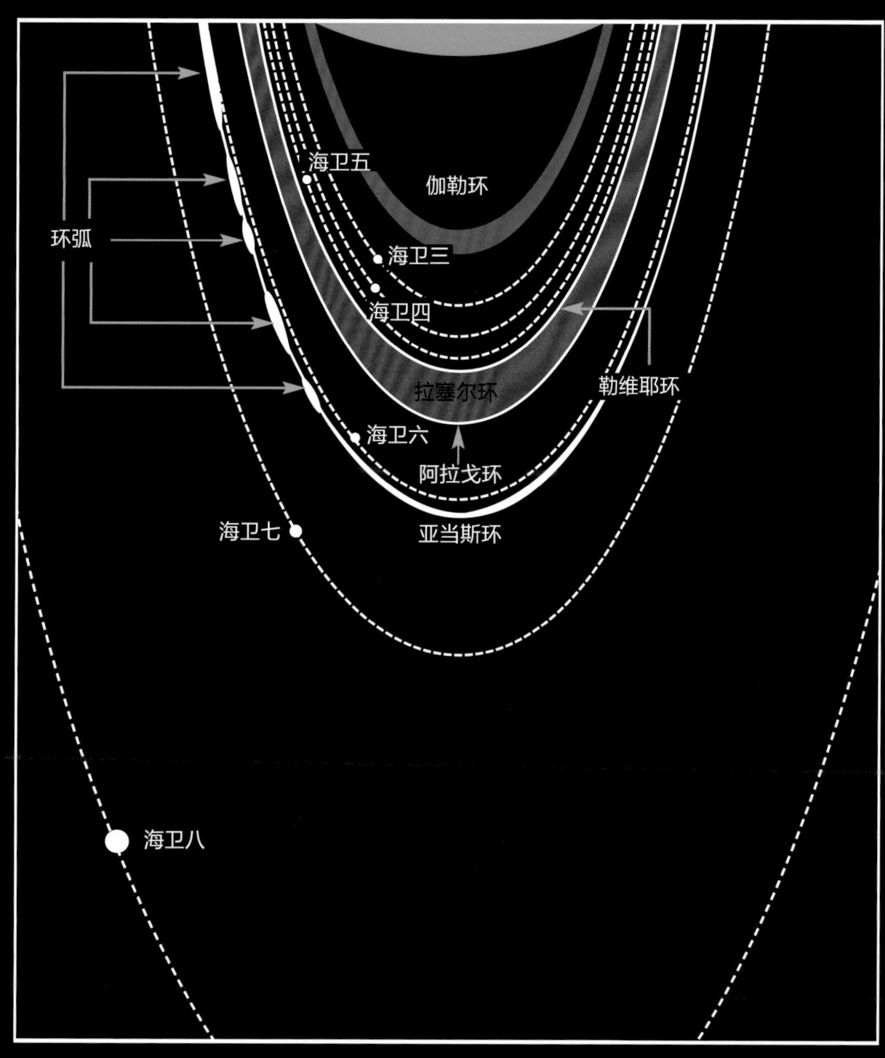

伽勒环

与海王星距离：42000 千米

宽度约 2000 千米，为离海王星最近且宽度最大的环。

勒维耶环

与海王星距离：53000 千米

宽度为 113 千米，海卫五的运行轨道位于该环内。

亚当斯环

与海王星距离：63000 千米

位于最外边的环，宽度约为 35 千米。

环的不稳定性

海王星各个环都正在瓦解，其中亚当斯环上的名为“自由”的环弧很有可能在 100 年后消失。

在 1989 年旅行者 2 号做出重大发现之前，人类所知的海王星卫星只有 3 颗：海卫一、海卫二和海卫七。如今我们所知的海王星卫星的数量已经达到 14 个，它们有的可能是被海王星的引力捕获的来自柯伊伯带的天体。在这里我们着重介绍其中最大的卫星：

- 海卫一（特里同）

海卫一

海卫一是一个由冰和岩石构成的直径为 2707 千米的球状天体，在太阳系所有卫星的体积中排在第 7 位。天文学家在海王星被发现后第 17 天就发现了海卫一。它被认为是太阳系最冷的地方之一，表面平均温度只有 -235℃，比冥王星还要低。

海卫一的独特之处在于，它是唯一一个围绕着行星逆向运行的大型卫星。这个特性其实与它的来源有关。据推测，海卫一本来是属于柯伊伯带的一个天体，在几百万年之前被海王星的引力捕获。

海卫一的轨道方向与海王星的自转方向相反，形状接近正圆，相对海王星的轨道有 130° 的倾角，相对海

直径	2707 千米
与海王星距离	354760 千米

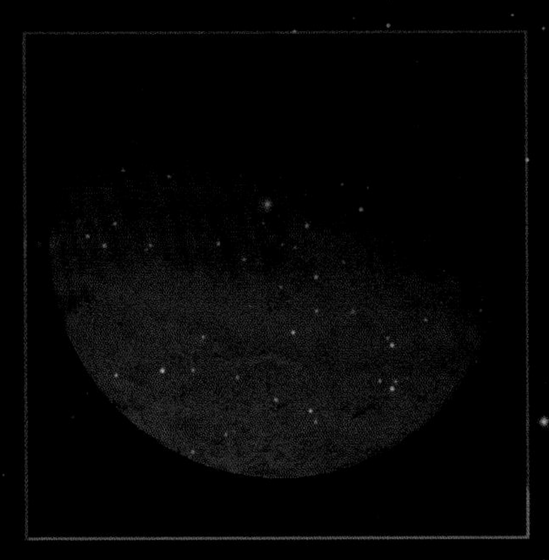

地质活动：喷泉

天文学家发现，海卫一的表面在地质方面是相对年轻的。这说明那里存在着火山或地质构造活动，因为只有这样才能让它内层的物质外流，铺平它的表面。旅行者 2 号证实了这一说法并在海卫一上发现了一种液氮喷泉系统，颠覆了太空火山的经典概念。

海卫一末日？海王星末日？

海卫一与海王星的距离是与日俱减的。由于海卫一正以不可遏制的方式接近海王星，天文学家猜测，海王星的引力最终会在 36 亿年之后终结这种状况，到那时，海卫一会解体并给海王星带来不可想象的灾难。

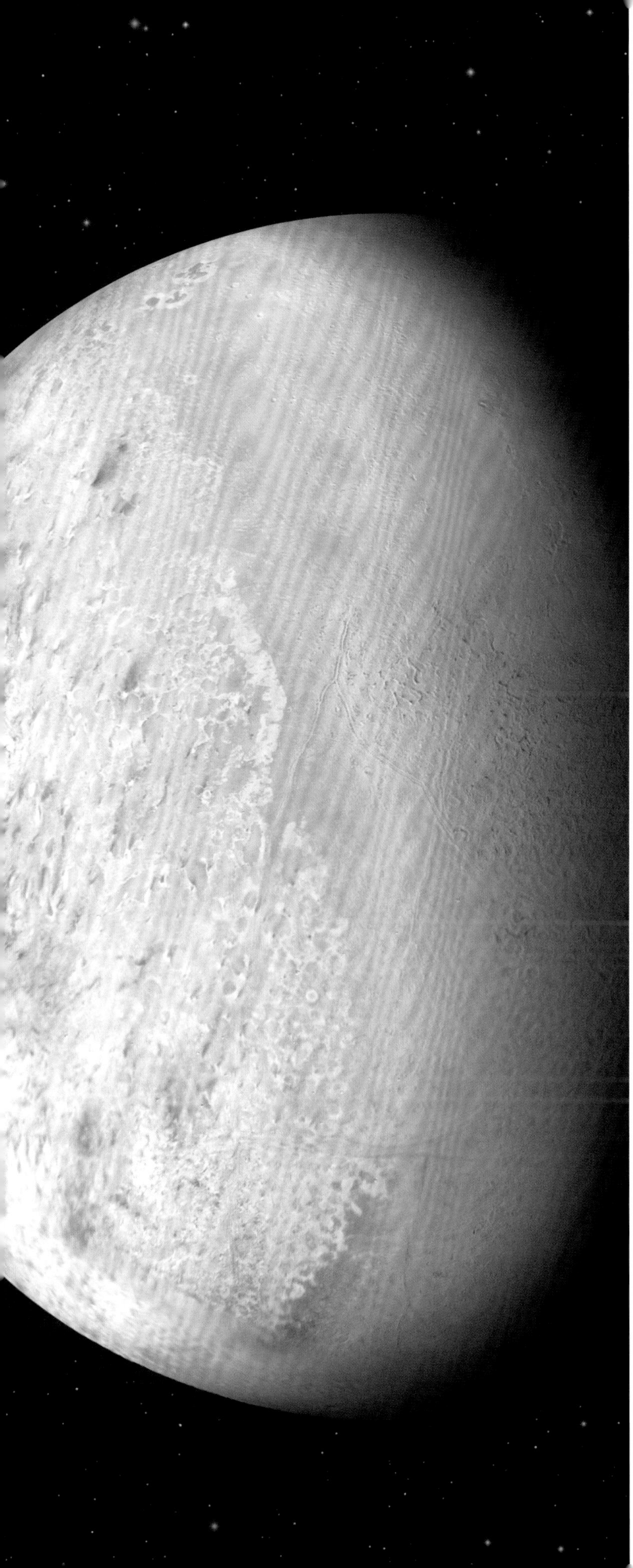

王星自转轴有 157° 的倾角，非常不规则，这使得海卫一的两极以交替的形式指向太阳。

海卫一有一个硅酸盐岩石核心，可能含有金属；表面则主要由冻结的氮组成。它还是太阳系少数地质活跃的天体之一。它的大气稀薄，由 99.9% 的氮和 0.1% 的甲烷组成。但尽管稀薄，它的两极地区还是有少量的云，这些云是太阳光和大气中的气体分子直接作用形成的。海卫一的每个季节都持续 82 年，季节之间的过渡都是以大气条件的极端变化拉开帷幕的。

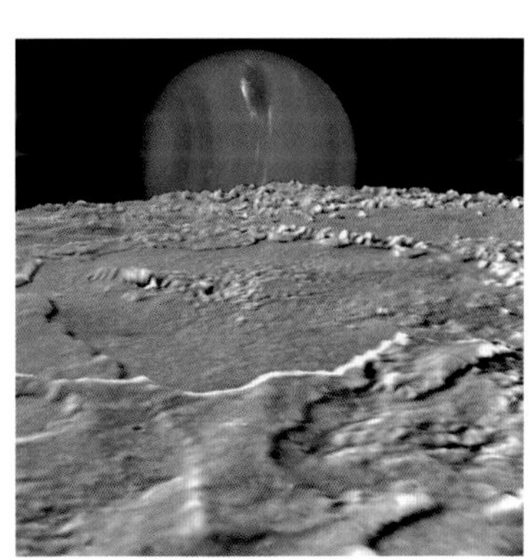

图为从海卫一地平线上观察海王星的景象，观测点离海卫一地表约 45 千米。图像为电脑合成。

矮行星

矮行星	平均直径 / 千米
冥王星	2372
阋神星	2326
鸟神星	1420
妊神星	1240
谷神星	939

2006年，通过多年的研究讨论和2500多位天文学家的辛勤工作，国际天文学联合会（IAU）正式对太阳系天体类型的传统划分进行了革新。全新的官方行星名单出炉，“矮行星”这一新术语也随之诞生。

这次革新之后，符合以下基本条件的天体被归类在“矮行星”这个新的天体类别：1. 直接绕太阳公转；2.有足够的质量克服刚体力，达到流体静力平衡的形状（接近球体）；3. 不是一颗卫星；4. 未能够清除自身轨道附近的小天体。正是因为最后这个关键的条件，矮行星才得以从传统行星中区分出来。这种清除轨道附近天体的本领出现在行星形成的最后阶段。

在该阶段，在行星沿着自身的轨道向外一定范围的空间里，没有任何天体的质量能和它媲美，剩下的只是它的天然卫星以及其他被它的引力捕获的物体。相反，矮行星因为没有这等足够庞大的质量来吸引它的邻居或改变邻居的轨道，只能跟其他无数天体共用同一轨道空间。

上图与下一页的图片皆为美国航天局的新视野号探测器所拍摄的冥王星。

这一定义一经生效，好几个天体的类别就发生了变化。比如，冥王星在这之前一直被认为是太阳系的第九大行星，但从此便失去了这一名号，“降级”为矮行星。而一直被归为小行星的谷神星和在此之前几个月被发现的阋神星顺利“升级”为矮行星。矮行星的构成主要为岩石和冰，极低的温度消除了我们所认知的生命形式存在的可能。它们的体积、质量和自转公转周期都有很大的不同，也都没有行星环。

目前科学家发现的矮行星有冥王星、谷神星、阋神星、鸟神星和妊神星。除了谷神星之外的所有矮行星都位于海王星之外的柯伊伯带。以卡戎、赛德娜和创神星为代表的十几个太阳系天体还继续作为研究对象以待被验证它们是否符合之前的四个条件而成为矮行星，目前结果待定。

流体静力平衡

流体静力平衡指的是天体中向外的热压力或刚体力与向内的自身引力处于平衡的状态。这个平衡状态能让行星将大气锁住，同时又不会将它压扁为行星表面的薄层。正是因为这种平衡，行星才被塑造成了它们现在的球体形状。

矮行星的质量

矮行星的质量很小，据估计，30000个矮行星加起来才能达到与地球相当的质量。

类冥天体

类冥天体指的是那些位于海王星轨道外的类似于冥王星的矮行星。目前，除谷神星之外的其他矮行星都是类冥天体。随着新的矮行星的加入，这个附加类别的阵容会逐渐扩大，我们也必须要为它们找到新的命名法。

矮行星

虽然到目前为止，只有五个天体被归为矮行星类，但是科学家从未停止研究其他一些可能登上这个名单的“潜在矮行星”，如冥卫一（卡戎）、小行星 90377（赛德娜）、亡神星（奥迦斯）、小行星 20000（伐楼拿）和小行星 28978（伊克西翁）等。

矮行星中最小的一个直径仅为地球的 7%，其余的几个直径为地球的 10%~18%。

美国航天局的新视野号探测器

来自美国航天局的谷神星照片。

矮行星表面平均温度

矮行星的表面以低温为特点。那些位于海王星之外的矮行星的表面平均温度为 -230℃左右，矮行星中表面平均温度最高的是谷神星，可达 -110℃。

公转周期

除了处于内太阳系的谷神星，其余几个位于海王星之外的矮行星的公转周期都因为距离太阳太远而非常长。其中公转周期最短的冥王星围绕太阳运行一周需要 248 年，而公转周期最长的阋神星则需要 557 年。

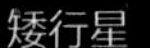

矮行星的引力

由于矮行星质量有限，其引力不足以维持一个稳定的大气层或为自己清理出一个空轨道。矮行星的引力只相当于地球引力的 2%~8%。

矮行星的自转周期

矮行星的自转周期根据它们的体积、质量、与太阳的距离和其他天体对它们施加的引力影响，各不相同，最长的是冥王星的153小时，最短的是妊神星的 4 小时。

矮行星的形成和组成

距离太阳最远的矮行星被认为是太阳系的“活化石”。它们包含恒星和行星形成过程中的很多关键数据。

冥王星的大气层由甲烷组成，据推测，甲烷也是鸟神星和阋神星大气的主要成分。

然而谷神星上却检测不到甲烷。矮行星本身则由高密度的岩石和冰组成。

冥王星

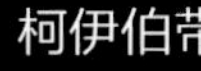

柯伊伯带

类冥天体与太阳的距离

海王星之外的矮行星与太阳的距离最少是日地距离的 39 倍。距离太阳最近和最远的两颗矮行星——谷神星与阋神星之间的距离大约是日地距离的65倍。

鸟神星

鸟神星于 2005 年被发现，是体积第三大的矮行星，直径为 1420 千米，表面积 700 万平方千米，表面平均温度为 -240℃。它绕行太阳的轨道离心率和倾斜角都很大，公转一周需要 308 年。

妊神星

妊神星于 2004 年被发现。不像其他常见的球形天体，它显眼的椭球形状差点就被排除在矮行星类之外，而被当成小行星了。它长 1960 千米，宽 1520 千米，高 996 千米。妊神星拥有两颗卫星，很可能产生于与其他天体的撞击过程中。它的表面平均温度为 -223℃。妊神星的自转速度极高，自转一圈仅需 4 小时，而绕行太阳一周则需要 283 年。

冥卫一（卡戎）

冥卫一于 1978 年被发现。由于人们对它的类别还没有一个统一的意见，目前仍然保留冥王星卫星这一称号。它的直径为 1208 千米，距离冥王星 2 万千米，比月球到地球的距离少将近 20 倍。冥王星和冥卫一两者互相吸引环绕，并总以同一面朝向对方，也就是说，冥卫一并不是绕着冥王星旋转，而是绕着一个独立于两者之外的质量中心旋转。有些科学家把冥王星和冥卫一看作是一对双行星。

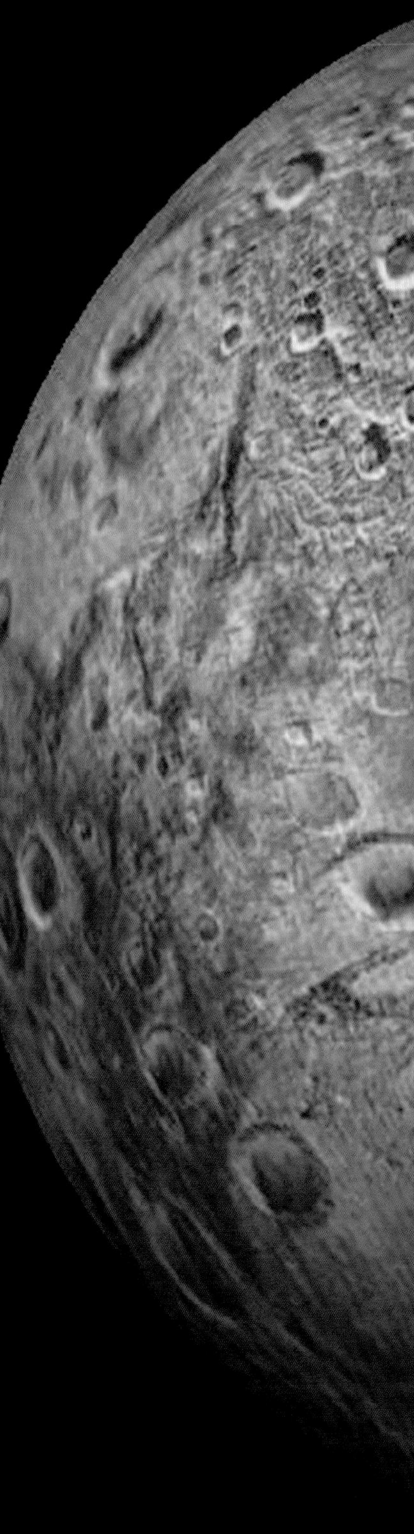

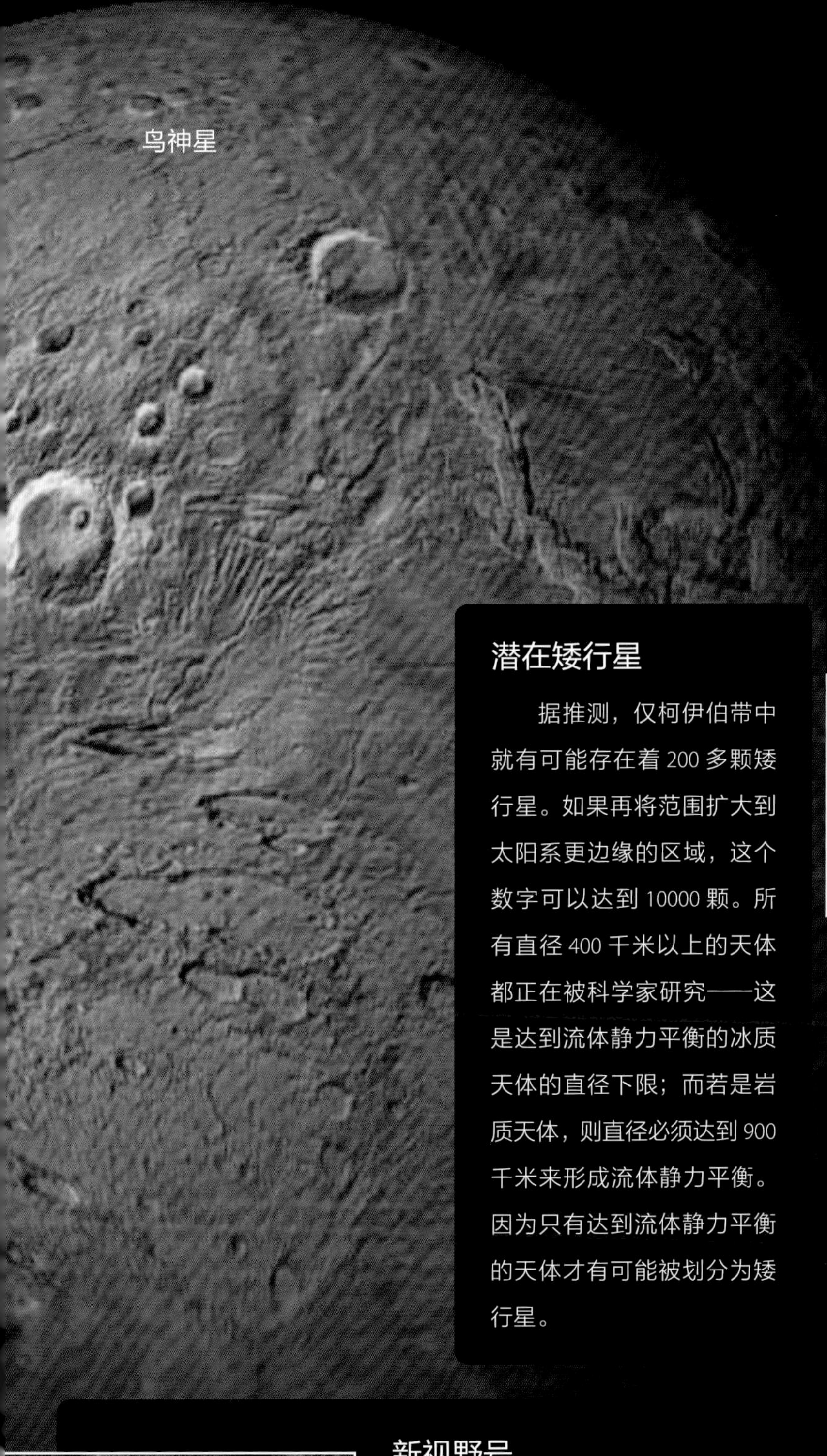

鸟神星

柯伊伯带

柯伊伯带由众多围绕太阳运行的太阳系小天体组成，位于海王星轨道外侧，与太阳的距离为日地距离的 30~55 倍。到目前为止我们在柯伊伯带上探测到的直径在 100~1000 千米的天体总共有 800 多个。它是冥王星的栖身之地，也可能是众多潜在矮行星的所在之处。

潜在矮行星

据推测，仅柯伊伯带中就有可能存在着 200 多颗矮行星。如果再将范围扩大到太阳系更边缘的区域，这个数字可以达到 10000 颗。所有直径 400 千米以上的天体都正在被科学家研究——这是达到流体静力平衡的冰质天体的直径下限；而若是岩质天体，则直径必须达到 900 千米来形成流体静力平衡。因为只有达到流体静力平衡的天体才有可能被划分为矮行星。

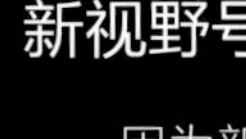

新视野号

因为新视野号探测器的应用，我们对冥王星和其他处于海王星之外的矮行星的探索工作加快了步伐。新视野号由美国航天局于 2006 年发射，在 2015 年到达冥王星附近。根据它发回地球的数据信息，冥王星的体积得以被精确测量（比预期的要大）。此外，该探测器还对冥卫一以及柯伊伯带上其他的几个天体进行了探索。

冥王星

冥王星参数

直径：2372 千米
与太阳距离：5906440628 千米
表面平均温度：−220℃

从 1930 年被发现到 2006 年，冥王星一直被当作是太阳系第九大行星，但自 2006 年起，它被划分到了一个新创的天体类别——矮行星。

冥王星于 1930 年在罗威尔天文台被克莱尔·威廉·汤博发现。它似乎总是争议最多的那个：在被归为矮行星类之前，它曾经被当成行星，甚至海王星的卫星。连它的名称也引起了不少争论，在以罗马神话中的冥王普鲁托命名之前，它还收到过如密涅瓦、克罗诺斯等命名提议。

冥王星绕太阳一周约 248 年，由于它有一个椭圆形的轨道，它距离太阳最近的阶段持续 20 年。同时，它自转一圈需要 6.39 天。

另外，它与太阳遥远的距离让它几乎接收不到阳光的照射。

新视野号探测器拍摄的图片让我们能观赏到冥王星上的两座冰火山，它们有可能是外太阳系中最大的冰火山。

冥王星的内部由一个占整体直径 70% 的岩质高密度核心和一个厚度约 200 千米的冰质地幔构成。它的表面由 98% 的冰冻氮和微量的一氧化碳及甲烷组成。这些物质与冰火山地形、撞击残骸和可能的板块漂移共同为冥王星构建了一个多彩亮丽的外观。

冥王星的大气由氮气、甲烷和一氧化碳构成，而在地表上的这些气体成分的冰冻状态则帮助大气保持着稳定状态。大气的体积还根据冥王星相对太阳的位置变化而表现出很大变化：当它远离太阳时，大气逐渐冻结；相反，当它接近太阳时，大气解冻并升华，厚度可以达到 300 千米。

令科学家惊讶的是，冥王星这样小的矮行星居然拥有 5 个天然卫星围绕着它转动。这些卫星一般被认为是几百万年前柯伊伯带上的较小天体与早期冥王星相撞的产物。

冥王星 – 海王星相撞?

冥王星所处的轨道离海王星轨道很近，甚至还会穿过海王星的轨道并到达比海王星还接近太阳的位置。但是两者相撞的风险可以排除，因为冥王星轨道与海王星轨道并没有交点，这样就避免了两者相撞而引起恐怖灾难的可能性。

比海王星更接近太阳?

冥王星绕着太阳转动的漫长旅程目前正处在远离太阳的阶段，所以在 2226 年之前，它不会比海王星更接近太阳。

冥王星的大小

冥王星的表面积为 1779 万平方千米，相当于俄罗斯国土面积。它比月球要小，直径为小行星带上的另一颗矮行星——谷神星的两倍多。

冥王星的卫星

1978 年之前，冥王星都被认为没有卫星。而现在我们所知的冥王星卫星共有五个：冥卫一（卡戎）、冥卫二（尼克斯）、冥卫三（许德拉）、冥卫四（科伯罗司）和冥卫五（斯堤克斯）。其中，冥卫一的体积最大，质量大约是冥王星的 12%。

冥卫二和冥卫三都于 2005 年被发现，并被证实并没有固定自转轴，而是围绕冥王星混乱地旋转。

冥卫四和冥卫五分别在 2011 和 2012 年被发现。它们的直径都不到 50 千米。

阋神星

阋神星参数

直径：2700 千米
与太阳距离：10180122852 千米
表面平均温度：−243℃

阋神星位于柯伊伯带的离散盘区域中，属于类冥天体。将它推向如此遥远轨道上的是海王星。它的体积与冥王星相似，但质量比冥王星大了 30%，是所有已知矮行星中质量最大的。

阋神星在它倾斜的轨道上绕行太阳一周需要 557 年。与冥王星相同，这个轨道也呈明显的椭圆形，它与太阳的距离最近为日地距离的 38 倍，最远为 97 倍。现在阋神星正在步入它离太阳最远的位置。科学家们通过光谱技术研究这个遥远的天体，他们在阋神星上发现了甲烷的存在，与冥王星的表面类似。尽管甲烷有高挥发性，但是由于阋神星处在距离太阳较远的寒冷区域，甲烷被冻结无法挥发而幸运地被探测到。阋神星的轨道相当倾斜，相对黄道面有着 44° 的倾角。由于它的公转周期长达 557 年，目前离太阳又太远，天文学家直到 2006 年才探测到它的存在。

阋神星的卫星阋卫一被命名为迪丝诺美亚。据推测，它的直径大约为 350 千米，相当于阋神星的八分之一。它与阋神星距离 37370 千米，绕行周期为 15 天。

到目前为止，阋神星都是从地球上夏威夷的北双子望远镜和一些空间探测器远远观测的。一个送往阋神星的空间探测器可能要用 25 年时间才能到达。

谷神星

谷神星参数
直径：940 千米
与太阳距离：413690250 千米
表面平均温度：-106℃

与其他矮行星不同，谷神星位于火星和木星之间的小行星带。它是这个区域最大的天体，其质量约占小行星带总质量的1/3。它的诞生要追溯到45.7亿年前。据科学家估计，它形成于一个既没有被合并为类地行星，也没有被木星推向外太阳系的原行星。

谷神星的运行轨道位于火星和木星之间的小行星带内，公转周期为4.6年，该轨道有些微的倾角和离心率。谷神星自转一圈需要9小时14分。

它的核心为岩石，包裹着核心的是一层厚度约100千米、体积占整体50%的水冰层。研究估计谷神星上的水储量很可能达到2亿立方千米，这个量比地球上的淡水储藏量都要大。谷神星的表面成分与它周围的小行星相似，为岩石和黏土混合物。此外，它的表面还被检测出了冰的存在，因为相对较高的温度（最高-36℃），这些冰的状态并不稳定。这里并没有地质活动，但漫长历史中无数的天体撞击给它的外观留下了痕迹。

谷神星的大气极其稀薄，由内层水冰接触太阳辐射升华变成的水蒸气构成。

谷神星身旁的小行星族——葛冯族，由766个拥有相似特性和轨道的小行星构成，它们与谷神星的起源并不相同。

美国航天局的黎明号于2015年抵达谷神星，它环绕谷神星运行，研究该矮行星的地质、构成以及大气特性。黎明号是人类第一个近距离探索矮行星的空间探测器。

奥尔特云

奥尔特云是处在太阳系边缘的一个浩瀚的区域，可能包含了数万亿的海王星外天体。因为它还从没有被直接观测到过，所以被认为是一个假定的区域。但是种种科学观测结果和多个天体的新发现都与天文学家做出的假设相符合。

奥尔特云的起源可以追溯到46亿年前，很可能形成于太阳周围的原行星盘的残余物。所有的这些物质都因为木星和土星的引力与日俱增而被赶到了现在的位置，奥尔特云从此开始逐渐成形。

特性

奥尔特云与太阳的距离最远约2光年，差不多是太阳与最近的一颗恒星——比邻星之间距离的一半。奥尔特云有两个截然不同的区域：一个是环形内层云团，与太阳距离在2000~20000天文单位（日地距离）之间；另一区域为球形外层云团，距离太阳20000~50000天文单位。据估计，这个巨大的区域包含的直径大于1千米的天体有数万亿之多。尽管如此，天体之间的相互碰撞却并没有想象中的频繁，因为这里空间极其宽广，天体与天体之间相隔很远。天文研究倾向于认为奥尔特云是长周期彗星的发源地，这些彗星有的绕轨道运行一周要花上几千年。另外，哈雷类彗星、半人马小行星和木星族彗星也可能来源于此。奥尔特云天体离太阳远到几乎不受它的引力影响，也因此，它们很容易受到邻近恒星的引力影响而偏离原有轨道，进入内太阳系，并成为彗星。

至于奥尔特云的总质量，虽然还没有确切的数据，但是基于哈雷彗星而进行的估算显示，奥尔特云的总质量大约是地球质量的5倍。

奥尔特云天体

目前为止我们了解的奥尔特云天体中较大的有：赛德娜（小行星90377）、2000 CR105（小行星148209）、2006 SQ372（小行星308933）和2008 KV42（小行星528219等）。

新的天体

离散盘是向奥尔特云输送天体的源头。在往后的25亿年间，25%的离散盘天体都会被推向奥尔特云。

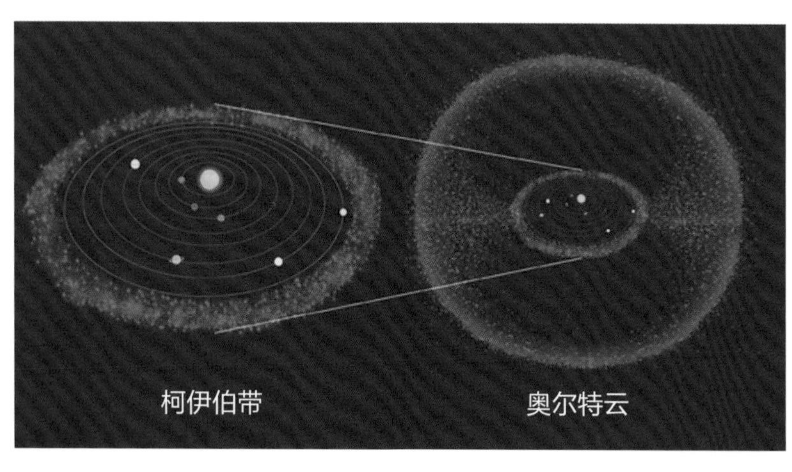

如图所示为太阳系的两个最主要的彗星发源地：柯伊伯带和奥尔特云。

哈勃空间望远镜拍摄的离太阳最近的恒星——比邻星。它处在离地球 4.2 光年之外的半人马座 α。

威廉·利勒于 1986 年 3 月 8 日复活节岛拍摄到的哈雷彗星。

赛德娜（小行星 90377）模拟图。它是太阳系中颜色最红的天体之一。

彗星

彗星是太空中由冰、尘土与岩石构成的天体，它们沿着椭圆形或抛物线形的轨道围绕恒星运转。其中处在内太阳系的彗星会被加热并产生一个明亮的彗尾，这个彗尾其实是燃烧的尘埃和气体，可以从地球被观测到。

太阳系彗星的来源主要是两个区域。那些轨道周期较长的彗星来自于奥尔特云，它们一直停留在那里，直到轨道被某系外恒星的引力扰乱而偏离自己的轨道并冲向太阳系内部。那些轨道周期较短的彗星则来自柯伊伯带。木星对它们的引力使它们的轨道缩短，也因此更逃不出木星的引力范围。此外，还可以依据彗星的年龄和大小来区分它们。彗星的形状都很不规则，在“老家”，它们是由水、岩石、钠、镁、冰、甲烷和铁组成的混合体，这些混合体由于离太阳太遥远，处于完全冰冻的状态。它们的大小也会发生变化——从原先的几米大小到临行前的几千米大。当一颗彗星接近太阳的时候，它的核心开始被加热，使冰升华变为气体。这些气体从后部排出，形成一条永远指向太阳反方向的线。彗星在它的移动过程中逐渐损失掉核心中的物质，这样，慧核的体积和质量不停减少。随着时间的流逝，彗星不断消耗自己，在不剩任何可以挥发的核心物质时，就会发生彗星的熄灭：彗发和彗尾消失，变成一颗小行星。

星尘号宇宙飞船再现图。它的任务是在它接近维尔特 2 号彗星（见第 116 页）期间搜集尘埃等物质样本。

由于它漫长的路线和周期，彗星的轨道是非常难以追踪和确认的。目前，天文学家确认了将近 200 颗周期 20 年以下的彗星的存在。另外还有超过 2000 个周期 20 年以上的彗星被收录。短周期彗星多位于行星的运转平面上，也因此，它们更容易被追踪。天文学家估计整个太阳系中的彗星总数可以达到 30 亿颗。

彗尾

热量和升华的气体压迫彗星表面，在它周围产生了一个明亮的泡。太阳风又使彗星更猛烈地排出气体和尘埃粒子，于是彗尾的亮度也随之增加。

彗星越接近太阳，彗尾就越长。有些彗星的彗尾可以达到几百万千米长。

稍纵即逝的闪耀

地球经常会穿过彗星的轨道路径，彗星的彗尾和彗发因为受到地球的吸引而进入大气层，在穿过地球大气层的过程中，彗尾和彗发燃烧并产生短暂的耀眼光芒。

彗星

彗星可以说自古以来就陪伴着人类。几千年以来，不管是被当作吉兆还是凶兆，当时的人们都没法对它的出现做出合理的解释。直到 20 世纪，大型望远镜的出现和天文学革命才使全面了解这类天体成为可能。

星尘号的目标

2004 年，名为星尘号的宇宙飞船飞越维尔特 2 号彗星。星尘号成功抵达该彗星附近并采集了数千个其内核附近的粒子样本。该探测器于 2006 年回到地球之后，科学家们对样本进行了研究。这次任务对我们了解彗星的构成和生命周期提供了很大的帮助。

著名的彗星

麦克诺特彗星

于 2006 年被发现，是近 40 年南半球最亮的彗星。它的轨道大小表明它正朝着银盘的方向移动，未来将无法从地球上再被观测到。

休梅克 – 利维 9 号彗星

1993 年被发现，距离木星轨道非常近。当它与木星这颗巨大的行星距离 4 万千米时，它碎裂成了多个碎片并撞向了木星，当时它在木星大气造成的壮烈景观连续几个月都能被地球上的人们看到。

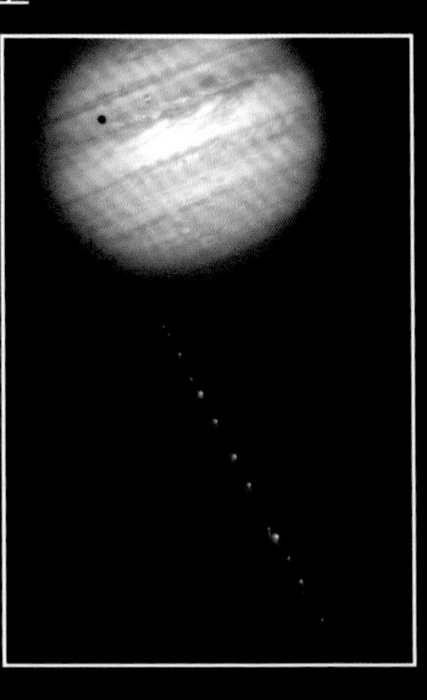

按照尺寸划分的彗星	直径 / 千米
微型彗星	0~1.5
小型彗星	1.5~3
中型彗星	3~6
大型彗星	6~10
巨型彗星	10~50
超巨型彗星	>50

彗星的年龄

彗星还可以用年龄来划分，这里的年龄依据的是它们沿着轨道已经完成的绕行太阳的圈数：初生彗星，5 圈以下；年轻彗星，30 圈以下；中年彗星，70 圈以下；老年彗星，100 圈以下；长寿彗星，大于 100 圈。

哈雷彗星

哈雷彗星是一颗短周期的大型年轻彗星。它每隔 75~76 年就能从地球上直接观测到。历史上有记载的第一次观测可以追溯到公元前 240 年。哈雷彗星的彗核长 15 千米，却有着 3000 万千米长的彗尾。它每次完整地绕行太阳一圈都会让它的长度减少 2 米。

海尔 - 波普彗星

海尔 - 波普彗星有一个直径 60 千米的核心，它在地球上肉眼可见的时间曾持续了 18 个月。它在 1997 年经过太阳时的景象非常壮观，而且为有关彗星构成和生命的研究做出了贡献。它经过地球的时候，独特的双彗尾占了半个天空。据推测，海尔 - 波普彗星下次将于公元 4380 年左右回归。

陨石

陨石是来自太空的物体，主要成分为岩石，它们会降落在地球上，对地面造成撞击。这些物体大部分都是熄灭殆尽的彗星，还有可能是行星（如火星）、月球的碎片。总之，较大的天体在几十亿年前受到撞击生成的，或者因为某原因排向空间的物体都有可能是陨石。

陨石受地球引力作用飞向地球。当它们穿过地球大气层，离地面80~110千米的时候，会因为大气的摩擦和压力而在它们周围生出明亮的火球。只有极少的陨石最终到达地面，大多数都在进入大气层时就完全瓦解了。陨石可根据它们被发现的方式分为两类：那些被提前观测到并被估算出了撞击地点的陨石被称为坠落陨石；那些被随机发现的，或虽然在计划之内但坠落时间不明的陨石叫作发现陨石。

坠落在地球上的陨石成分各异。86%的都是球粒陨石；8%为无粒陨石（小行星的特有的结晶）；5%是铁陨石；最后，还剩1%是金属（铁、镍）和岩石（硅酸盐）混合的石铁陨石。

神秘的阿曼苏丹国

澳大利亚、世界各大沙漠以及美国辽阔的疆土是发现陨石最多的地方。

尽管国土面积很小，位于阿拉伯半岛的阿曼苏丹国却是平均每平方米发现陨石最多的地区。截至2006年，这里已经发现了超过200个来自月球和火星的陨石。

坠落陨石与发现陨石

截至21世纪初，在我们所知的总共32000多个陨石中，只有约1000个是坠落陨石，其余的31000个都是发现陨石。

铁陨石是一种非常奇特和稀有的陨石。它的成分与地核相同，源自于那些体积不够在内核周围形成层状物质结构的小行星。铁陨石主要集中坠落在南极洲或大洋洲，其他地区非常少见。

陨石的命名

为了管理在地球上发现的众多陨石，国际天文学联合会提议对它们进行系统性的命名：所有陨石都以发现地的名字命名；如果在同一地点发现了两个以上的陨石，那么在这个共同的地名之后缀上连续的数字或字母（也可以是数字和字母）用以区分。

有多少陨石坠落地球?

尽管大部分陨石等不到穿越地球大气就完全瓦解，但据天文学家估计，每年仍有 3000 个 1 千克以上的陨石坠落到地球表面，其中的 6% 被科学家收藏。

坠落于纳米比亚的霍巴陨石。它是地球上被发现的陨石中质量最大的一颗。

恒星的演化

恒星诞生于在自身引力的作用下聚集在一起的气体云。某一时刻，气体云的核心部位的压力和温度达到临界点，气体也变得浓稠晦暗，氢原子转变为氦原子的核聚变就此开始。核聚变释放出的能量表现为光、热与辐射，因此，恒星能够自行发光。

一个典型恒星的结构为层状结构。核心是初始聚变反应发生的地方；星幔占了恒星大部分体积，同时又依据转化能量的方式分为辐射层和对流层。恒星的大气层起始于恒星表面，主要分为三层：光球层、色球层和星冕。光球层是恒星唯一可见的部分。

恒星的化学组成根据它的年龄和所处的生命阶段而变化。在诞生初期，恒星大约由 75% 的氢、23% 的氦和 2% 的原恒星留下的重元素组成。随着年龄的增长，氢作为产生能量的原料，比例逐渐下降；而重元素的比例逐渐上升。普遍来说，一颗恒星在它的整个生命周期消耗的能量不超过它总能量的 10%，也就是说上述的成分比例变化并不是非常显著。

在恒星的演化过程中，主序星阶段是它的生命中最长的一个阶段。在这段时间，燃料消耗引起的质量损耗很小。但等到了它生命的后期，质量损耗的进程加快，甚至在生命的尽头，质量可能只会剩生命初期的 10%。大部分恒星都因为缓慢的自转而呈圆球状。少部分自转较快的恒星则会在两极部分稍扁，赤道半径稍长，两极和赤道也存在一定的温度差异。

生命周期

恒星的生命中最重要的就是要保持流体静力平衡，也就是将物质拉向恒星内部的引力与等离子体产生的向外的压力之间的平衡。

种子阶段：恒星的诞生有两种来源，一是超新星的引力激波触发，二是在星系碰撞的过程中产生。

原恒星阶段：引力使氢气云团结合并变得稠密。气压使温度升高，核心因为受到引力坍缩被加热到比外部更高热的状态。

主序星阶段：引力坍缩结束，氢原子聚变开始，恒星开始燃烧氢并传递能量。这是恒星最主要的生命阶段，占了整个生命过程的 90%。

残骸阶段：恒星核心内的氢是有限的，终将被耗尽。当这一时刻来临时，恒星就进入生命末期，它接下来的演化由它当时的质量决定。最后的结果可能是变成白矮星、中子星或黑洞。

我们目前了解的恒星的年龄多数在 10 亿 ~100 亿岁之间。被人类观测到的最古老的恒星甚至接近 138 亿岁，即可观测宇宙的年龄。

恒星是如何发光的?

历史上在很长的一段时间里，科学家都致力于为恒星如何发光寻找一个合理的解释，还曾经一度认为太阳发光是和地球上一样的燃烧现象。后来他们否决了这个想法，因为如果是这样，燃料早在几百万年前就耗尽了。之后，天文学家亚瑟·爱丁顿提出了一个后来被证实是正确的理论：太阳通过核聚变发光，原料为元素周期表上最轻的元素——氢和氦。

恒星

天文学家对恒星的研究有助于我们了解宇宙的形成。而了解恒星的演化还有助于我们预知太阳系唯一的恒星——太阳未来的命运。

多星系统

有的恒星会通过引力的相互作用而和附近的其他恒星产生联系。这些恒星一般会组成两颗或三颗的多星系统，并且这些系统所包括的恒星数目有可能还会增加而形成更大的星团，甚至可能有上百万颗恒星组成的非常密集的恒星集团。

单星系统

单星是指没有和其他恒星产生引力作用或依存关系的恒星。它们独自移动，与形成初期所在的恒星组织分离开来。单星受到它所属星系而非别的恒星的引力影响。比如太阳，它就是银河系内的一颗单星。

白矮星

白矮星和红矮星是太阳系最普遍的恒星类型。有的科学家不支持将白矮星归为恒星，而将它们看作恒星演化的残骸。一旦聚变反应终止，恒星核心再无能量来对抗引力，就会发生引力坍缩。此时的恒星因为自身的质量而自我压缩，它的组成中 99% 都是之前在主序星阶段已耗尽的氦的燃烧残留。银河系中 97% 的已知恒星最后都会变成白矮星。

红矮星

围绕在太阳系周围的恒星大多都是红矮星。它们的质量不及太阳的一半，亮度也只有太阳的 10%。它们产生能量的速度较太阳更慢，表面温度也只能达到 3200℃。银河系之外很难探测到红矮星。

黑矮星

黑矮星是科学家为那些已经完全无法发光的白矮星取的名字。它是一个理论上的恒星残骸类别，因为还没有真的被发现过。一般认为黑矮星若存在，在宇宙中由于不能发光、能量低等原因，它将会处于不可见的状态，科学家只能根据它的引力来确定其存在。

恒星的分类

恒星的首次分类由喜帕恰斯完成，它是符合当时地心说的。一直到 20 世纪才出现了两种主要的现代恒星分类系统：亮度分类和光谱分类。

亮度分类	
类型	名称
0	特超巨星
I	超巨星
II	亮巨星
III	巨星
IV	次巨星
V	矮星（主序星）
VI	次矮星
VII	白矮星

光谱分类		
类型	颜色	表面温度 /℃
O	蓝色	>30000
B	蓝白色	10000~30000
A	白色	7500~10000
F	黄白色	6000~7500
G	黄色	5000~6000
K	橙色	3500~5000
M	红色	2500~3500

星系

星系是由恒星、星云、星团、气体、尘埃、星际物质和暗物质构成的独立整体。以上所有因素都依靠引力保持着相互联系。一个普遍现象是，星系大多都以一个质量为太阳几百万倍的巨大黑洞为核心。

一个星系可以包括一千亿颗恒星，而在整个可观测宇宙中，估计存在的星系多达一千亿个。一个星系与其他星系的距离可能为自身尺寸的十倍、百倍。星系趋向于成团存在，形成星系团，星系团会以其中引力最大的那个星系为核心。天文学家根据星系的观测特性将它们分成了几类：那些看起来像是一个明亮的椭圆形的被叫作椭圆星系；而旋涡星系呈圆形，周围伸出由星际尘埃构成的螺旋臂；那些没有稳定形状的叫作不规则星系，它们会受到邻近星系的引力影响而变形。不规则星系有可能会没有机会发育完全就被并入其他星系。

大小相近的星系也会相对彼此接近，因此它们在空间中的运动可能会引起相互碰撞。当宇宙还没有现在这么大，星系之间距离更小的时候，星系碰撞曾经非常普遍，导致的结果由碰撞点决定。如果两个小星系在它俩的中间位置相撞，有可能会在那里留下一个黑洞，剩余部分则在黑洞周围以螺旋方式散开，形成一个环状星系。而如果碰撞在两个大小悬殊的星系之间发生，那么大星系一般会将小星系吞并，令它无影无踪。两个大型星系也有可能从中心的黑洞部分相撞，结果会是其中的一个像一个巨大的球一样，以数万亿千米每秒的速度被弹开。

活动星系

人类已知星系中的 10% 会发出与它所包含的恒星毫无关联的能量。这些星系被称为活动星系，这种额外的能量被证实是来自于星系核心的一个发光的区域。

活动星系的类型

塞弗特星系：是拥有非常明亮星系核的一类旋涡星系。

星暴星系：恒星的形成速率非常高，生命周期也较短，其中可探测到超新星爆发引起的巨大爆炸。

射电星系：占据较大的空间区域。它们会发射出不同波长的无线电波，拥有异常明亮的大型星系核。

类星体：类星体是一个还未经演化的星系核。因被观测时看起来像是一个恒星而得名。

星系际空间

星系际空间是星系之间的无际空间。它里面的物质极其稀薄，密度极小，每立方米仅有一个原子。

银河系所处的星系集团被称为本星系群。除此之外的其他重要星系集团见下表。

其他星系集团	
名称	与银河系的距离 / 百万光年
M81 星系团	11
室女座星系团	54
半人马座 A 星系团	120
狮子座星系团	330

银河系

银河系参数
质量：10^{12} 个太阳质量
直径： 10 万 ~20 万光年
含恒星数量： 1000 亿 ~4000 亿

银河系是太阳系所在的星系，拥有几千亿颗恒星。它的年龄约为 136 亿岁，几乎和宇宙一样老。

银河系名副其实，从地球看去，它就像一条由星星构成的银色长河。真实的银河系其实是一个包括了几百个星团的巨大棒旋星系。银河系有两条主旋臂，从内部结构中可以观察到气态云晕，包含有少量恒星和古老星系残余。银河系中央是一个盘面，厚度为 1000 光年。那里气体密度最大，聚集着许多年轻恒星，也是恒星诞生的活跃区。从盘面中心伸出的螺旋臂使银河系呈螺旋状。两条主旋臂分别叫作英仙臂和盾牌 - 半人马臂。另外还有一些次旋臂，如船底 - 人马臂和矩尺臂。银河系盘面有两个不同区域：薄盘区和厚盘区，而后者可以说是星系扁平化过程中的残余。银河的核心是一个较扁的球体，半径约为 1 万光年，这里集中着大部分年老的恒星。天文学家认为银河黑洞位于核球部分，也就是银河系真正的中心部位。银河系不会像一个固态圆盘一样旋转，事实上，各恒星沿着自己独立的轨道绕着银心运转。比如整个太阳系就是每 2.3 亿年围绕银心旋转一圈。

人马座 A*

银河系中心的黑洞位于银心的一个射电源——人马座 A*，据估计，其质量相当于 400 万个太阳质量。

恒星

银河系中同类的恒星倾向于聚集成团。在银河系核球中的恒星主要为红色和黄色恒星。

银晕部分则色彩更缤纷一些。而白色、蓝色和其他最亮的恒星普遍分布在螺旋臂上。

银河系与仙女星系的碰撞

银河系和仙女星系正在互相碰撞的道路上前进。两者互相接近的速度为 100~140 千米 / 秒，预计在几十亿年后会相撞。这个大碰撞会带来大规模的影响：有的恒星会因此被弹射出去，还有的则会被推向合并后的新星系中央，而太阳等其他恒星则会改变轨道来适应新家园的引力中心。这个大碰撞之后，也会有新的恒星诞生。

银河系属于一个包括了大约 50 个星系的名为“本星系群”的星系集团。银河系和仙女星系为本星系群中最大的两个星系。

本星系群中的部分星系

名称	与银河系的距离 / 光年	直径 / 光年
银河系	0	100000
人马座矮椭球星系	78000	20000
狮子 II 矮星系	669000	3000
仙女星系	2560000	140000
三角星系	2735000	55000
六分仪座 B 星系	4385000	8000

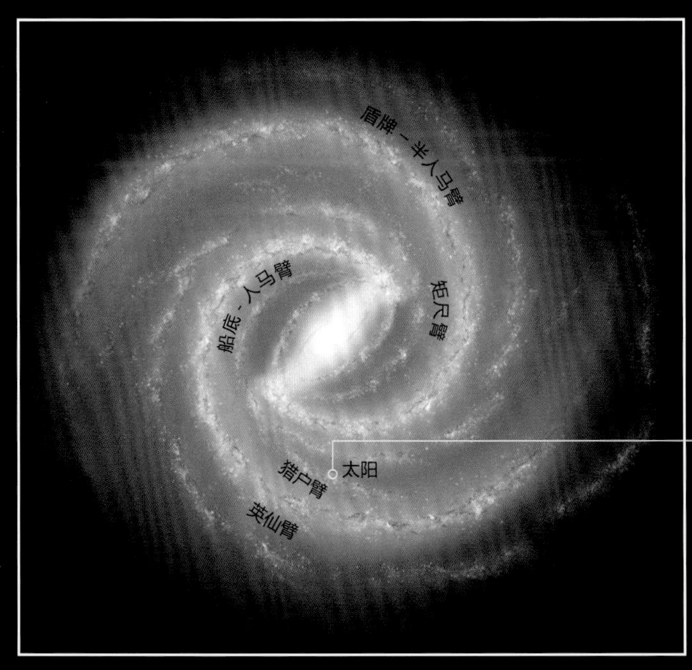

太阳系处于银河系的猎户臂区域。

图像版权

本著作的图像由下列机构授权使用：NASA, CERN, ESA, SOHO, JAXA, ROB, JPL, MSSS, LPI, JHUAPL, STSCL, UCLA, DLR, IDA, GSPC, ESO, IRTF, SWRI, USGS, STFC, UCL, SSI, SDO, IAI, CFA, IAEFE, Hubble Heritage Team.

机构简称及全称：

CERN: European Organization for Nuclear Research
（Organización Europea para la Investigación Nuclear）
CFA: Harvard-Smithsonian Center For Astrophysics
DLR: Deutsches Zentrum für Luft- und Raumfahrt（Centro Aeroespacial Alemán）
ESA: European Space Agency（Agencia Espacial Europea）
ESO: European Southern Observatory
GSFC: Goddard Space Flight Center
IAEFE: Instituto de Astronomia y Fisica del Espacio
IAI: Intelligent Automation, Inc
IDA: International Docking Adapter
IRTF: Infrared Telescope Facility
JAXA: Japan Aerospace Exploration Agency
JHUAPL: Johns Hopkins University Applied Physics Laboratory
JPL: Jet Propulsion Laboratory
LPI: Lunar and Planetary Institute
MSSS: Malin Space Science Systems
NASA: National Aeronautics and Space Administration
（Administración Nacional de la Aeronáutica y del Espacio）
ROB: Royal Observatory of Belgium
SDO: Solar Dynamics Observatory
SOHO: Solar and Heliospheric Observatory
SSI: Surface Stereo Imager
STFC: Science and Technology Facilities Council
STSCL: Space Telescope Science Institute
SWRI: Southwest Research Institute
UCL: University College London
UCLA: University of California, Los Angeles
USGS: U.S. Geological Survey